普通高校专升本考试高等数学系列教材

总主编　张天德

高等数学Ⅲ辅导教程

主　编　范洪军　安徽燕

副主编　孙建波　周秀娟　高　文

U0238501

山东大学出版社

SHANDONG UNIVERSITY PRESS

·济南·

图书在版编目(CIP)数据

高等数学Ⅲ辅导教程 / 范洪军，安徽燕主编. —济
南:山东大学出版社，2022.6
普通高校专升本考试高等数学系列教材 / 张天德总
主编
ISBN 978-7-5607-7538-8

Ⅰ.①高…　Ⅱ.①范…　②安…　Ⅲ.①高等数学—成
人高等教育—升学参考资料　Ⅳ.①O13

中国版本图书馆 CIP 数据核字(2022)第 090274 号

策划编辑	刘旭东　姜　山
责任编辑	刘旭东
封面设计	张　荔

出版发行	山东大学出版社
社　　址	山东省济南市山大南路 20 号
邮政编码	250100
发行热线	(0531)88363008
经　　销	新华书店
印　　刷	泰安金彩印务有限公司
规　　格	787 毫米×1092 毫米　1/16
	10 印张　230 千字
版　　次	2022 年 6 月第 1 版
印　　次	2022 年 6 月第 1 次印刷
定　　价	48.00 元

前　言

　　《高等数学》是专升本考试的必考科目,但市场上缺乏既有详细的基本内容,又能符合新大纲要求的有针对性的教材.为此,山东大学张天德教授团队根据多年的教学和辅导经验,编写了山东省专升本考试高等数学Ⅰ、高等数学Ⅱ、高等数学Ⅲ系列辅导丛书.该系列辅导教程依据山东省专升本最新考试大纲编写,准确梳理考点,精挑细选例题,配以最新真题,力求"新"和"准".

　　本书是《高等数学Ⅲ辅导教程》,共5章,每章包含知识梳理、基本知识、考点解读、真题解析、考纲解读五个板块,具体内容如下:

　　【知识梳理】每章开篇以思维导图的形式将本章的知识点进行展示,系统详细总结本章知识体系,使读者能够提纲挈领地了解本章主要知识点.

　　【基本知识】每节根据大纲要求,涵盖本节所有基本知识点,详细的给出概念、性质等基本内容,让学生能体系化的学习基本内容,迅速理解和掌握基本知识,帮助学生把好基础关,为后续阶段的学习奠定坚实基础.

　　【考点解读】每节设置考点解读,根据考试大纲的要求,系统梳理基本的知识点,并总结出考点,然后对考点进行方法归纳,配以精选例题,并对部分例题配备名师点拨,力求学生通过学习后,迅速掌握本节的考点,迅速掌握题型,起到立竿见影的效果.

　　【真题解析】在考点解读的基础上,将近几年真题按照考点进行梳理和总结,让学生了解本知识点的难度和深度,帮助学生加强对该考点的理解和掌握.

　　【考纲解读】每节的最后点明最新的考试大纲,让考生明确本节的主要考点及考点的要求,同时以"本节方法综述"形式对每节重要考点做小结,让学生准确把握重点和难点.

　　普通高校专升本考试高等数学系列教材由山东大学数学学院张天德教授任总主编.《高等数学Ⅲ辅导教程》由范洪军、安徽燕任主编,孙建波、周秀娟、高文任副主编.本书适合参加专升本考试的学生和普通在校大学生选用,参加成人考高、自学考试的学生也可以选用.衷心希望我们精心打造的这本《高等数学Ⅲ辅导教程》对您有所裨益.限于编者水平,书中不当之处,欢迎同仁和读者批评指正.

编　者

2022年3月

目　录

▶ 第一章　　函数　极限与连续

在复习中学已有函数知识的基础上,本章进一步阐述初等函数的概念,然后学习高等数学最基本的工具 —— 极限,进而研究极限的性质、极限的运算法则以及有关函数连续性的基本知识,在考试中本章内容所占比例非常大,同时也为后续知识的学习奠定必要的基础.

◆━━━━━━━━━━━━ 📖 知 识 梳 理 📖 ━━━━━━━━━━━━◆

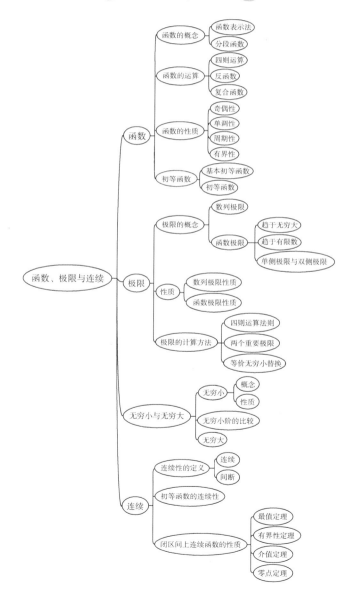

第一节　函数

───────────────── 基 本 知 识 ─────────────────

一、预备知识

1. 区间

区间是高等数学中常用的实数集.

有限区间：

开区间 $(a,b)=\{x\mid a<x<b\}$,

闭区间 $[a,b]=\{x\mid a\leqslant x\leqslant b\}$,

半开半闭区间 $[a,b)=\{x\mid a\leqslant x<b\}$, $(a,b]=\{x\mid a<x\leqslant b\}$,

在数轴上表示,如图 1.1.1 所示.

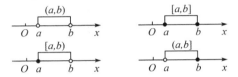

图 1.1.1

无限区间： $(a,+\infty)=\{x\mid x>a\}$, $[a,+\infty)=\{x\mid x\geqslant a\}$,

$\qquad\qquad (-\infty,b)=\{x\mid x<b\}$, $(-\infty,b]=\{x\mid x\leqslant b\}$,

在数轴上表示,如图 1.1.2 所示.

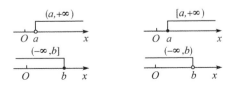

图 1.1.2

全体实数的集合 **R** 也可记作 $(-\infty,+\infty)$,它也是无限区间.

有限区间和无限区间统称为**区间**.

以后凡是不需要辨明所讨论区间是否包含端点,以及是有限区间或是无限区间时,我们就简单地称它为"区间",且常用 I 表示.

2. 邻域

2.1 邻域

定义 1.1.1 $U(x_0,\delta)=(x_0-\delta,x_0+\delta)=\{x\mid |x-x_0|<\delta,\delta>0\}$,称之为点 x_0 的 δ **邻域**, x_0 称为邻域**中心**, δ 称为邻域**半径**.

几何意义： 在数轴上是一个以 x_0 为中心、长度为 2δ 的开区间,如图 1.1.3 所示.

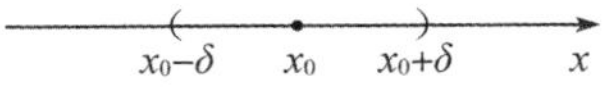

$$\underset{x_0-\delta \quad x_0 \quad x_0+\delta}{\xrightarrow{\hspace{3cm}}} x$$

图 1.1.3

例如 $U(100,0.01)$，表示以点 100 为中心，以 0.01 为半径的邻域，即
$$U(100,0.01)=(99.99,100.01).$$

2.2 去心邻域

定义 1.1.2　$\mathring{U}(x_0,\delta)=(x_0-\delta,x_0)\bigcup(x_0,x_0+\delta)=\{x\,|\,0<|x-x_0|<\delta,\delta>0\}$，称之为点 x_0 的 δ **去心邻域**.

几何意义：表示的是在点 x_0 的 δ 邻域内去掉点 x_0，由其余点所组成的集合如图 1.1.4 所示.

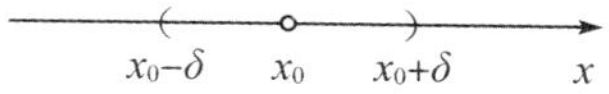

$$\xleftarrow{\hspace{2cm}}\overset{\displaystyle}{\underset{\displaystyle x_0-\delta\quad x_0\quad x_0+\delta\qquad x}{\circ}}\xrightarrow{\hspace{2cm}}$$

图 1.1.4

例如 $\mathring{U}(1,0.01)$，即为以点 1 为中心，以 0.01 为半径的去心邻域，即
$$\mathring{U}(1,0.01)=(0.99,1)\bigcup(1,1.01).$$

【注意】$\mathring{U}(x_0,\delta)$ 与 $U(x_0,\delta)$ 的差别在于 $\mathring{U}(x_0,\delta)$ 不包含点 x_0.

二、函数的概念

1. 函数的定义

定义 1.1.3　设 x 和 y 是两个变量，D 是一个给定的非空数集. 若对任意的 $x\in D$，按照一定法则 f，总有唯一确定的值 y 与之对应，则称 y 是 x 的**函数**，记为 $y=f(x)$.

数集 D 称为函数 $f(x)$ 的**定义域**，记为 $D(f)$（简记为 D_f）. 习惯上，x 称为**自变量**，y 称为**因变量**. 当 x 取值 $x_0\in D_f$ 时，与 x_0 对应的 y 的数值称为函数在 x_0 处的**函数值**，记作 $f(x_0)$ 或 $y\,|_{x=x_0}$，当 x 取遍 D_f 内的各个数值时，对应的函数值的全体组成的数集 $R(f)=\{y\,|\,y=f(x),x\in D_f\}$ 称为函数 $f(x)$ 的**值域**，简记为 R_f.

说明：(1) 在数学中，有时抽去函数的实际意义，单纯地讨论用算式表达的函数，只要确定使得算式有意义的自变量 x 的集合即可，这时函数的定义域称为**自然定义域**.

(2) 在实际问题中，函数的定义域是由实际意义确定的，这时函数的定义域称为**实际定义域**.

(3) 某两个函数相同是指两个函数有相同的定义域和相同的对应法则 f.

(4) 在高等数学中函数定义要求的是一个自变量对应唯一的函数值，即只讨论研究单值函数.

2. 分段函数

定义 1.1.4　在自变量的不同变化范围中，对应法则用不同式子来表示的函数称为**分段函数**. 比如**绝对值函数** $y=|x|=\begin{cases}-x, & x<0,\\ x, & x\geqslant 0,\end{cases}$ 如图 1.1.5 所示.

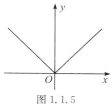

图 1.1.5

【注意】(1) 虽然在自变量的不同变化范围内计算函数值的算式不同，但定义的是一个函数；

(2) 它的定义域是各个表示式的定义域的并集；

(3) 求自变量为 x 的函数值，先要看点 x 属于哪一个表达式的定义域，然后按此表达式计算所对应的函数值.

三、函数的几种特性

1. 函数的有界性

设函数 $y=f(x)$ 在区间 I 上有定义(区间 I 可以是函数 $f(x)$ 的定义域也可以是其定义域的一部分):

(1) 如果存在常数 A,使得对任意 $x\in I$,均有 $f(x)\geqslant A$ 成立,则称函数 $f(x)$ 在 I 上**有下界**;

(2) 如果存在常数 B,使得对任意 $x\in I$,均有 $f(x)\leqslant B$ 成立,则称函数 $f(x)$ 在 I 上**有上界**;

(3) 如果存在一个正数 M,使得对任意 $x\in I$,均有 $|f(x)|\leqslant M$ 成立,则称函数 $f(x)$ 在 I 上是**有界**;如果这样的 M 不存在,就称函数 $f(x)$ 在 I 上无界;等价于,无论对于任何正数 M,总存在 $x_1\in I$,使得 $|f(x_1)|>M$,那么函数 $f(x)$ 在 I 上无界.

即:有界函数 $y=f(x)$ 的图像夹在 $y=-M$ 和 $y=M$ 两条直线之间,如图 1.1.6 所示.

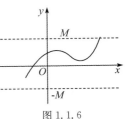

图 1.1.6

例如,正弦函数 $f(x)=\sin x$ 在其定义域 R 上有界,因为 $|\sin x|\leqslant 1 (x\in \mathbf{R})$,所以数 1 是它的一个上界,数 -1 是它的一个下界(当然,大于 1 的任何数也是它的上界,小于 -1 的任何数也是它的下界).这里 $M=1$(当然也可取大于 1 的任何数作为 M 而使得 $|f(x)|\leqslant M$ 对一切实数 x 都成立).如图 1.1.7 所示.

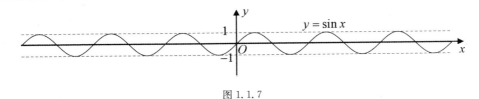

图 1.1.7

又如函数 $f(x)=\dfrac{1}{x}$ 在开区间 $(0,1)$ 内没有上界,但有下界,例如 1 就是它的一个下界,函数 $f(x)=\dfrac{1}{x}$ 在开区间 $(0,1)$ 内是无界的,因为不存在正数 M,使得对任意 $x\in I$,均有 $\left|\dfrac{1}{x}\right|\leqslant M$ 成立;但是 $f(x)=\dfrac{1}{x}$ 在开区间 $(1,2)$ 内是有界的,例如可取 $M=1$ 而使得 $\left|\dfrac{1}{x}\right|\leqslant 1$ 对一切 $x\in(1,2)$ 都成立.如图 1.1.8 所示.

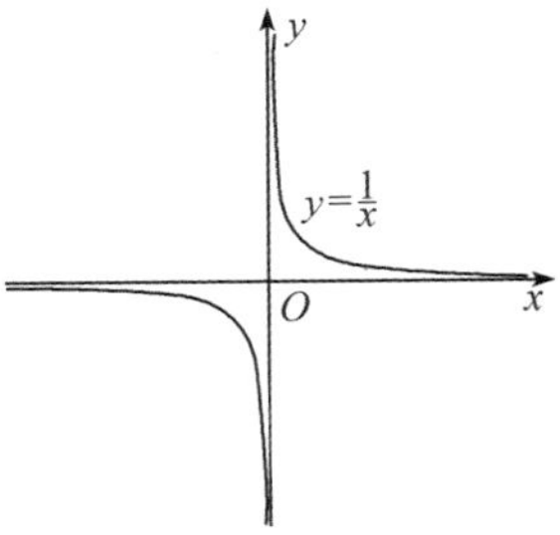

图 1.1.8

【注意】(1) 函数 $y=f(x)$ 在 I 上有界的**充分必要条件**是它在定义域 I 上既有上界又有下界.

(2) $\sin\dfrac{1}{x}$,$\cos\dfrac{1}{x}$,$\arctan\dfrac{1}{x}$,$\operatorname{arccot}\dfrac{1}{x}$ 等都在其定义区间上有界.

2. 函数的单调性

设函数 $y=f(x)$ 的定义域为 D_f,区间 $I\subset D_f$,如果对于区间 I 内的任意两点 x_1,x_2,当

$x_1 < x_2$ 时,恒有 $f(x_1) < f(x_2)$,则称函数 $y = f(x)$ 在区间 I 内是**单调增加**的. 如图 1.1.9 (a) 所示.

设函数 $y = f(x)$ 的定义域为 D_f,区间 $I \subset D_f$,如果对于区间 I 内的任意两点 x_1, x_2,当 $x_1 < x_2$ 时,恒有 $f(x_1) > f(x_2)$,则称函数 $y = f(x)$ 在区间 I 内**单调减少**的. 如图 1.1.9 (b) 所示.

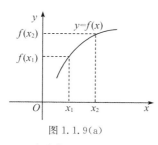 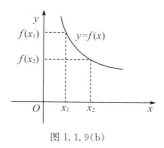

图 1.1.9 (a)   图 1.1.9 (b)

例如,$f(x) = x^2$ 在 $[0, +\infty)$ 上是单调增加的,在 $(-\infty, 0]$ 上是单调减少的,$f(x) = a^x (0 < a < 1)$ 在 $(-\infty, +\infty)$ 上是单调减少的,而 $f(x) = x^3$ 在 $(-\infty, +\infty)$ 上单调增加的.

【注意】(1) 分析函数的单调性,总是在 x 轴上从左向右(即沿自变量 x 增大的方向)看函数值的变化;

(2) 函数可能在其定义域内的一部分区间内是单调增加的,而在另一部分区间内是单调减少的,这时函数在整个定义域内不是单调的,所以讨论函数的单调性须与区间相对应.

函数单调性的判断方法主要有:

(1) **定义判别法**:任取定义域内的点 x_1 和 x_2,设 $x_1 < x_2$,通过判断 $f(x_1)$ 和 $f(x_2)$ 的大小关系,判断函数的单调性. 这种方法需要熟练掌握函数单调性的定义,常用于函数表达式不复杂的题.

(2) **图像判别法**:熟练掌握基本初等函数的图像,在客观题中借助于图像来判别;

(3) **求导判别法**:将导数作为判别单调性的工具,此类题目见第三章导数的应用中单调性的判别.

3. 函数的奇偶性

设函数 $y = f(x)$ 的定义域 D 是关于原点对称的,即当 $x \in D$ 时,有 $-x \in D$.

如果对于任意的 $x \in D$,恒有 $f(-x) = f(x)$,那么称 $f(x)$ 为**偶函数**.

如果对于任意的 $x \in D$,恒有 $f(-x) = -f(x)$,那么称 $f(x)$ 为**奇函数**.

既不是奇函数也不是偶函数的函数称为**非奇非偶函数**.

偶函数的图像关于 y 轴对称,如图 1.1.10 所示.

奇函数的图像关于原点对称,如图 1.1.11 所示.

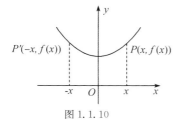 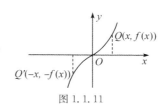

图 1.1.10   图 1.1.11

例如,$f(x)=x^2$,$f(x)=\cos x$ 为偶函数;

$f(x)=x$,$f(x)=x^3$,$f(x)=\sin x$ 为奇函数.

【注意】在两个函数(常函数除外)的公共定义域关于原点对称的前提下,判断函数的奇偶性,除了定义法之外,还可以利用奇偶性的运算规律:

(1) 两个偶函数的和、差、积都是偶函数;

(2) 两个奇函数的和、差是奇函数,积是偶函数;

(3) 一个奇函数与一个偶函数的积是奇函数;

(4) 可导的奇函数的导数为偶函数,可导的偶函数的导数为奇函数.

4. 函数的周期性

设函数 $y=f(x)$,如果存在实数 $T(T\neq 0)$,使得对于每一个 $x\in D$,有 $(x\pm T)\in D$,且 $f(x\pm T)=f(x)$ 恒成立,那么称函数 $y=f(x)$ 是**周期函数**,称 T 为 $f(x)$ 的**周期**.周期函数的周期通常是指它的**最小正周期**.$f(\omega x)$ 的周期为 $\dfrac{T}{|\omega|}$.

例如,函数 $y=\sin x$ 及 $y=\cos x$ 都是以 2π 为周期的周期函数;$y=\tan x$ 及 $y=\cot x$ 都是以 π 为周期的周期函数.

【注意】(1) 两个周期函数和(差)的最小正周期为这两个周期函数最小正周期的最小公倍数.

(2) 可导的周期函数,求导后周期不变,比如 $(\sin x)'=\cos x$.

四、反函数

1. 反函数的定义

定义 1.1.5 设函数 $y=f(x)$ 的定义域为 D_f,值域为 R_f.如果对于任意一个 $y\in R_f$,D_f 内只有一个 x 与 y 对应,并且满足 $f(x)=y$,那么 x 就是 y 的一个函数,记作

$$x=\varphi(y) \text{ 或 } x=f^{-1}(y) \tag{1}$$

这时 y 是自变量,x 是因变量.

由于自变量的符号是任取的,习惯上,我们总是把自变量记作 x,因变量记作 y,所以常把 $y=f(x)$ 的反函数(1)写为 $y=f^{-1}(x)$ $(x\in R_f)$.

反函数 $y=f^{-1}(x)$ 的定义域记为 $D_{f^{-1}}$,值域记为 $R_{f^{-1}}$,显然 $D_{f^{-1}}=R_f$,$R_{f^{-1}}=D_f$,即**反函数的定义域等于直接函数的值域,反函数的值域等于直接函数的定义域**.

例如,函数 $y=x^2$,$x\in[0,+\infty)$ 的反函数是 $x=\sqrt{y}$,$y\in[0,+\infty)$,习惯上改写为 $y=\sqrt{x}$,$x\in[0,+\infty)$.

【注意】$y=f(x)$ 和 $x=f^{-1}(y)$ 表示变量 x 和 y 之间的同一关系,因而在同一直角坐标系下,它们的图形是同一条曲线,而 $y=f^{-1}(x)$ 与其直接函数 $y=f(x)$ 的图形关于直线 $y=x$ 是对称的.如图 1.1.12 所示.

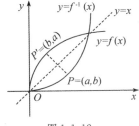

图 1.1.12

由于单调函数的自变量与因变量的关系是一一对应,因此单调函数一定有反函数.

2. 反函数存在定理

定理 1.1.1 如果直接函数 $y=f(x)$,$x\in D_f$ 是单调增加(或减少)的,那么存在反函数

$y = f^{-1}(x), x \in R_f$,且该反函数也是单调增加(或减少)的.

利用反函数存在定理,若函数在讨论的范围内是单调的,就可以判定其反函数一定存在且单调. 例如,函数 $y = 2^x$ 在 $(-\infty, +\infty)$ 上是单调增加的,由反函数存在定理可知,它的反函数 $y = \log_2 x$ 在 $(-\infty, +\infty)$ 上存在,且也是单调增加的,如图 1.1.13 所示.

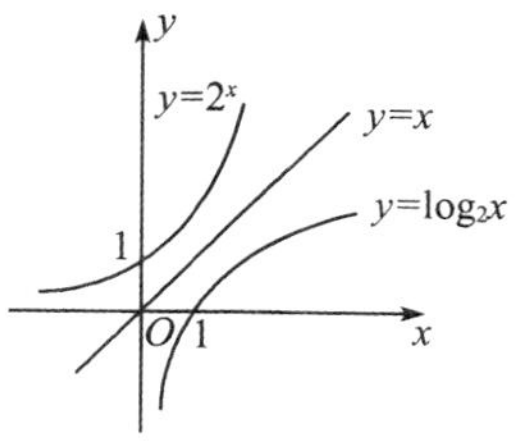

图 1.1.13

五、初等函数

1. 基本初等函数

基本初等函数包括:幂函数、指数函数、对数函数、三角函数、反三角函数.

1.1 幂函数

函数 $y = x^a$(α 是常数)为**幂函数**. 其定义域随 α 的不同而不同.

无论 α 取何值,幂函数在 $(0, +\infty)$ 内都有定义,而且图形都经过 $(1,1)$ 点.

函数 $y = x$,$y = x^2$,$y = x^3$,$y = x^{\frac{1}{2}}$,$y = x^{-1}$ 等是常见的幂函数,其图形如图 1.1.14 所示.

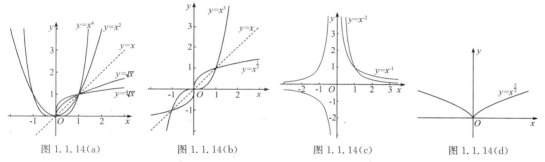

图 1.1.14(a)　　　　图 1.1.14(b)　　　　图 1.1.14(c)　　　　图 1.1.14(d)

1.2 指数函数

函数 $y = a^x$($a > 0, a \neq 1, a$ 是常数)为**指数函数**,定义域为 $(-\infty, +\infty)$,值域为 $(0, +\infty)$.

当 $a > 1$ 时,函数单调增加;当 $0 < a < 1$ 时,函数单调减少. 如图 1.1.15 所示. 函数的图形都经过 $(0,1)$ 点.

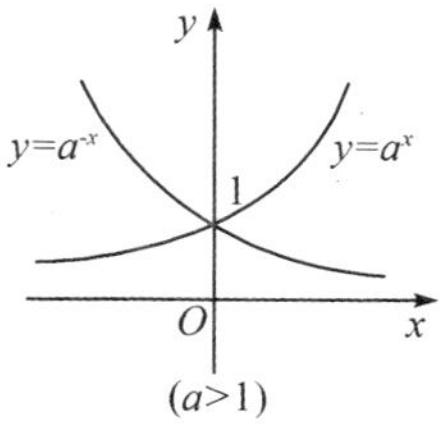

图 1.1.15

1.3 对数函数

函数 $y = \log_a x$($a > 0, a \neq 1, a$ 是常数)为**对数函数**,它是指数函数 $y = a^x$ 的反函数,定义域为 $(0, +\infty)$,值域为 $(-\infty, +\infty)$. 如图 1.1.16 所示.

当 $a > 1$ 时,它单调增加;当 $0 < a < 1$ 时,它单调减少. 函数的图形都经过 $(1,0)$ 点.

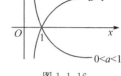

图 1.1.16

在高等数学中,常用到以 e 为底的指数函数 e^x 和以 e 为底的对数函数,记作 $\ln x$. $\ln x$ 称为自然对数. 这里 $e = 2.718\ 281\ 8\cdots$ 是一个无理数.

1.4 三角函数

常用的三角函数有:

正弦函数　　$y = \sin x$;

余弦函数　　$y = \cos x$;

正切函数　$y=\tan x$；

余切函数　$y=\cot x$；

正割函数　$y=\sec x=\dfrac{1}{\cos x}$；

余割函数　$y=\csc x=\dfrac{1}{\sin x}$.

正弦函数和**余弦函数**的定义域都是$(-\infty,+\infty)$,值域都是$[-1,1]$,它们都是以2π为周期的**周期函数**,都是**有界函数**.正弦函数是**奇函数**,余弦函数是**偶函数**.如图 1.1.17 所示.

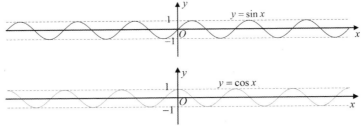

图 1.1.17

正切函数$y=\tan x=\dfrac{\sin x}{\cos x}$的定义域为$\{x\,|\,x\neq k\pi+\dfrac{\pi}{2},k\in\mathbf{Z}\}$,**余切函数**$y=\cot x=\dfrac{\cos x}{\sin x}$$=\dfrac{1}{\tan x}$的定义域为$\{x\,|\,x\neq k\pi+\pi,k\in\mathbf{Z}\}$,它们都是以$\pi$为周期的**周期函数**,都是**奇函数**,并且在其定义域内都是**无界函数**.如图 1.1.18 所示.

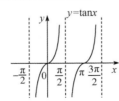
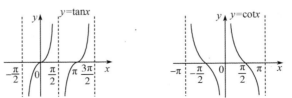

图 1.1.18

正割函数$y=\sec x$,**余割函数**$y=\csc x$,其中$\sec x=\dfrac{1}{\cos x}$,$\csc x=\dfrac{1}{\sin x}$.它们都是以2π为周期的**周期函数**,并且在开区间$(0,\dfrac{\pi}{2})$内都是**无界函数**.如图 1.1.19 所示.

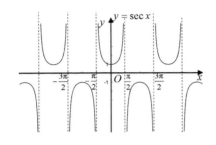
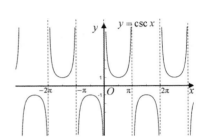

图 1.1.19

1.5 **反三角函数**

反三角函数是反正弦 $\arcsin x$、反余弦 $\arccos x$、反正切 $\arctan x$、反余切函数 $\text{arccot} x$ 的统称,各自表示其正弦、余弦、正切、余切为 x 的角.

根据反函数的定义,三角函数在它的定义域内不单调,从而没有单值反函数. 为了方便,我们只把定义在包含锐角的单调区间上的基本三角函数的反函数,称为反三角函数.

1.5.1 **反正弦函数**

定义 1.1.6 正弦函数 $y = \sin x$ 在区间 $[-\dfrac{\pi}{2}, \dfrac{\pi}{2}]$ 上的反函数叫做反正弦函数,记作 $x = \arcsin y$. 以 x 表示自变量,y 表示函数,反正弦函数可以写成 $y = \arcsin x$.

根据反函数的定义可得反正弦函数 $y = \arcsin x$ 的定义域是 $[-1, 1]$,值域是 $[-\dfrac{\pi}{2}, \dfrac{\pi}{2}]$. 且反正弦函数 $y = \arcsin x$ 的图形与正弦函数 $y = \sin x$ 在 $[-\dfrac{\pi}{2}, \dfrac{\pi}{2}]$ 上的曲线关于直线 $y = x$ 对称,如图 1.1.20 所示.

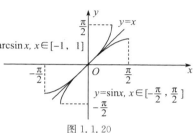

图 1.1.20

【注意】(1) 若 $x \in [-1, 1]$,则 $\arcsin x$ 就表示在 $[-\dfrac{\pi}{2}, \dfrac{\pi}{2}]$ 上的一个角,而且这个角的正弦等于 x. 即由 $y = \arcsin x$ 可得 $\sin y = x$;

(2) $y = \arcsin x$ 是奇函数,即 $\arcsin(-x) = -\arcsin x$;

(3) $y = \arcsin x$ 在定义域 $[-1, 1]$ 上是单调增加的,有界的.

(4) $\sin(\arcsin x) = x$,$x \in [-1, 1]$.

(5) $\arcsin 0 = 0$,$\arcsin 1 = \dfrac{\pi}{2}$,$\arcsin(-1) = -\dfrac{\pi}{2}$,$\arcsin \dfrac{1}{2} = \dfrac{\pi}{6}$,$\arcsin \dfrac{\sqrt{2}}{2} = \dfrac{\pi}{4}$,$\arcsin \dfrac{\sqrt{3}}{2} = \dfrac{\pi}{3}$.

1.5.2 **反余弦函数**

定义 1.1.7 余弦函数 $y = \cos x$ 在区间 $[0, \pi]$ 上的反函数叫做反余弦函数,记作 $x = \arccos y$. 以 x 表示自变量,y 表示函数,反余弦函数可以写成 $y = \arccos x$.

反余弦函数的定义域是 $[-1, 1]$,值域是 $[0, \pi]$. 图形如图 1.1.21 所示. 它与余弦函数 $y = \cos x$ 在 $[0, \pi]$ 上的曲线关于直线 $y = x$ 对称.

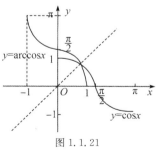

图 1.1.21

【注意】(1) 若 $x \in [-1, 1]$,则 $\arccos x$ 就表示在 $[0, \pi]$ 上的一个角,而且这个角的余弦等于 x. 即由 $y = \arccos x$ 可得 $\cos y = x$;

(2) 反余弦函数 $y = \arccos x$ 是非奇非偶函数;

(3) 在定义域 $[-1, 1]$ 上是单调减少的,有界的;

(4) $\cos(\arccos x) = x$,$x \in [-1, 1]$;

(5) $\arccos 0 = \dfrac{\pi}{2}$,$\arccos\left(\dfrac{1}{2}\right) = \dfrac{\pi}{3}$,$\arccos 1 = 0$.

1.5.3 反正切函数和反余切函数

定义 1.1.8 正切函数 $y=\tan x$ 在区间 $\left(-\dfrac{\pi}{2},\dfrac{\pi}{2}\right)$ 上的反函数叫做反正切函数,记作 $y=\arctan x$,它的定义域是 $(-\infty,+\infty)$,值域是 $\left(-\dfrac{\pi}{2},\dfrac{\pi}{2}\right)$.反正切函数图形如图 1.1.22 所示.在定义域 $(-\infty,+\infty)$ 内它是单调增加的,有界的.

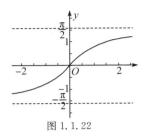

图 1.1.22

【注意】(1) $\arctan(-x)=-\arctan x$;

　　　　(2) $\tan(\arctan x)=x$;

　　　　(3) $\arctan 0=0$,$\arctan 1=\dfrac{\pi}{4}$.

定义 1.1.9 余切函数 $y=\cot x$ 在区间 $(0,\pi)$ 上的反函数叫做反余切函数,记作 $y=\text{arccot} x$,它的定义域是 $(-\infty,+\infty)$,值域是 $(0,\pi)$.反余切函数图形如图 1.1.23 所示.在定义域 $(-\infty,+\infty)$ 内是单调减少的,有界的.

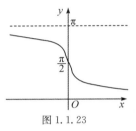

图 1.1.23

2. 复合函数

定义 1.1.10 设函数 $y=f(u)$ 的定义域为 D_f,函数 $u=g(x)$ 的值域为 R_g,若 $R_g\subset D_f$,则函数 $y=f[g(x)]$ 称作由 $y=f(u)$ 和 $u=g(x)$ 复合而成的**复合函数**,$u=g(x)$ 称为内层函数,$y=f(u)$ 称为外层函数,u 称为中间变量.

例如,函数 $y=\sin u$ 与 $u=x^2+1$ 可以复合成复合函数 $y=\sin(x^2+1)$.

【注意】不是任何两个函数都可以复合成一个复合函数.例如,函数 $y=\arcsin u$ 与 $u=x^2+2$ 就不能复合成一个复合函数,因为对于 $u=2+x^2$ 的定义域内任何 x 值所对应的 u 值,都不能使 $y=\arcsin u$ 有意义.

复合函数不仅可以由两个函数经过复合而成,也可以由多个函数相继进行复合而成.如函数 $y=u^2,u=\ln v,v=2x$ 可以复合成复合函数 $y=\ln^2(2x)$.

3. 初等函数

3.1 函数的四则运算

设函数 $f(x),g(x)$ 的定义域依次为 D_f,D_g,$D=D_f\bigcap D_g\neq\varnothing$,则我们可以定义这两个函数的下列运算:

和(差) $f\pm g$:$(f\pm g)(x)=f(x)\pm g(x),\qquad x\in D$;

积 $f\cdot g$:$(f\cdot g)(x)=f(x)\cdot g(x),\qquad x\in D$;

商 $\dfrac{f}{g}$:$\left(\dfrac{f}{g}\right)(x)=\dfrac{f(x)}{g(x)},\qquad x\in D$ 且 $g(x)\neq 0$.

3.2 初等函数

定义 1.1.11 由常数和基本初等函数经过有限次的四则运算及复合运算并能用一个式子表示的函数,称为**初等函数**.其他函数统称为**非初等函数**.

例如,$y=\dfrac{x^2+\sin(2x+1)}{x-1}$,$y=\lg(a+\sqrt{a^2+x^2})$,$y=\cos^2 x+1$ 都是初等函数.

分段函数本身是一个联合结构,虽然它的每一个段落上都是初等函数,但有限次四则运算或复合步骤都无法产生联合机制,故**分段函数一般应归入非初等函数**.

【注意】绝对值函数 $y = |x|$ 虽然可以表为分段形式 $y = |x| = \begin{cases} -x, & x < 0, \\ x, & x \geqslant 0, \end{cases}$ 但它又能表示为 $y = |x| = \sqrt{x^2}$，所以它应属于**初等函数**.

------------------------------ 📖 **考 点 解 读** 📖 ------------------------------

在专升本考试中,本节主要考查以下几方面的内容:

1. 函数的相关概念.

2. 函数的定义域、表达式和函数值.

3. 函数的几种特性.

考点一 求一元函数的定义域

1. 具体函数定义域

【方法归纳】求函数的定义域时应该注意:

(1) 分式中的分母不能为零;

(2) 负数不能开偶次方根;

(3) 对数中的真数必须大于零;

(4) 反正弦函数 $y = \arcsin x$ 与反余弦函数 $y = \arccos x$ 中的 x 必须满足 $|x| \leqslant 1$;

(5) 以上情况同时在某函数中出现时,应取其交集;

(6) 对于实际问题需计算其实际定义域.

例   函数 $f(x) = \sqrt{4 - x^2} + \dfrac{1}{\ln\cos x}$ 的定义域为(   ).

解   要使函数有意义,须 $\begin{cases} 4 - x^2 \geqslant 0, \\ \cos x > 0, \\ \cos x \neq 1, \end{cases}$ 即 $\begin{cases} -2 \leqslant x \leqslant 2, \\ 2k\pi - \dfrac{\pi}{2} < x < 2k\pi + \dfrac{\pi}{2}, (k \in \mathbf{Z}), \\ x \neq 2k\pi, \end{cases}$

取交集得 $-\dfrac{\pi}{2} < x < 0$ 或 $0 < x < \dfrac{\pi}{2}$,所以定义域为 $(-\dfrac{\pi}{2}, 0) \bigcup (0, \dfrac{\pi}{2})$.

故应填 $(-\dfrac{\pi}{2}, 0) \bigcup (0, \dfrac{\pi}{2})$.

2. 抽象复合函数定义域

【方法归纳】已知函数 $f(x)$ 的自变量 x 的范围 $[m, n]$,求函数 $f[g(x)]$ 中自变量 x 的范围,一般解法是把函数 $f[g(x)]$ 中的 $g(x)$ 看成 $f(x)$ 中的 x,即求不等式的解集 $m \leqslant g(x) \leqslant n$,从而得到函数 $f[g(x)]$ 的定义域.

例   已知函数 $f(x)$ 的定义域是 $[-1, 1]$,则 $f(x - 1)$ 定义域为(   ).

A. $[-1, 1]$ B. $[0, 2]$ C. $[0, 1]$ D. $[1, 2]$

解   因为函数 $f(x)$ 的定义域是 $[-1, 1]$,所以得 $-1 \leqslant x - 1 \leqslant 1$,求解得 $x \in [0, 2]$.

故应选 B.

考点二 判断两个函数是否相同

【方法归纳】两个函数相同需要遵循定义域相同和对应法则 f 相同两个原则. 如果两个函

数的定义域和值域相同不能判断两个函数是同一个函数,比如 $f(x)=x$,$g(x)=x^3$,这两个函数的定义域和值域相同,但显然不是同一个函数.

例 下列各组中,两个函数为同一函数的组是( ).

A. $f(x)=x^2+3x-1$,$g(t)=t^2+3t-1$ B. $f(x)=\dfrac{x^2-4}{x-2}$,$g(x)=x+2$

C. $f(x)=\sqrt{x}\sqrt{x-1}$,$g(x)=x+2$ D. $f(x)=3$,$g(x)=|x|+|3-x|$

解 两个函数的定义域和对应法则分别相同即为同一个函数,与自变量用哪个字母表示无关,所以 A 正确. B 和 C 中定义域不同,C 和 D 的对应法则不同. 故应选 A.

考点三   求函数的表达式及函数值

1. 求反函数

【方法归纳】求已知函数 $y=f(x)$ 的反函数,就是把已知函数 $y=f(x)$ 中的 x 用 y 表示为 $x=\varphi(y)$.

(1) 求出 $x=\varphi(y)$ 后将 x 与 y 互换,得 $y=\varphi(x)$;

(2) 求出直接函数的值域就是反函数的定义域.

例 函数 $y=\dfrac{2^x}{2^x+1}$ 的反函数为 _____.

解 由 $y=\dfrac{2^x}{2^x+1}$ 得 $2^x=\dfrac{y}{1-y}$,于是 $x=\log_2\dfrac{y}{1-y}$,交换变量,得

$$y=\log_2\dfrac{x}{1-x},x\in(0,1).$$

故应填 $y=\log_2\dfrac{x}{1-x}$,$x\in(0,1)$.

【名师点拨】本题求反函数的过程为同解过程,故在求得反函数表达式后可直接求其定义域.

2. 求函数表达式

【方法归纳】(1) 计算初等函数的表达式需要充分理解复合函数的概念;

(2)"复合"运算是函数的一种基本运算,采取的方法一般应按照由自变量开始,先内层后外层的顺序逐次求解;

(3) 解决此类问题的基本思路是采用变量代换的思想.

例 1 已知 $f\left(x+\dfrac{1}{x}\right)=x^2+\dfrac{1}{x^2}$,则 $f(x)=$ _____.

解 因为 $f\left(x+\dfrac{1}{x}\right)=x^2+\dfrac{1}{x^2}=\left(x+\dfrac{1}{x}\right)^2-2$,令 $x+\dfrac{1}{x}=t$,得 $f(t)=t^2-2$,

所以 $f(x)=x^2-2$,$x\in(-\infty,-2]\bigcup[2,+\infty)$.

故应填 x^2-2,$x\in(-\infty,-2]\bigcup[2,+\infty)$.

【名师点拨】本题的使用的基本思想是变量代换的思想,使用的技巧是将已知条件恒等变形后整体代换.

例 2 设函数 $f(x) = \begin{cases} -1, & |x| > 1, \\ 1, & |x| \leqslant 1, \end{cases}$ 求 $f[f(x)]$.

解 当 $|x| > 1$ 时,$f[f(x)] = f(-1) = 1$,

当 $|x| \leqslant 1$ 时,$f[f(x)] = f(1) = 1$,所以 $f[f(x)] = 1$.

> **【名师点拨】** 函数的概念要充分理解,而"复合"运算是函数的一种基本运算,本类题型为已知函数 $f(x)$,$g(x)$,求 $f[g(x)]$,其中 $g(x)$ 的值域在 $f(x)$ 的定义域内.此类问题中特别注意分段函数的复合,采取的方法一般应按照由自变量开始,先内层后外层的顺序逐层求解.

3. 求复合函数的函数值

【方法归纳】 求复合函数在某一点的函数值,需由里到外逐层求解.

例 设函数 $g(x) = 1 + x$,且当 $x \neq 0$ 时,$f[g(x)] = \dfrac{1-x}{x}$,则 $f\left(\dfrac{1}{2}\right) = ($ $)$.

A. 1　　　　　　B. $-\dfrac{1}{3}$　　　　　　C. -3　　　　　　D. -1

解法一 令 $\dfrac{1}{2} = g(x)$,即 $\dfrac{1}{2} = 1 + x$,得 $x = -\dfrac{1}{2}$,所以 $f\left(\dfrac{1}{2}\right) = \dfrac{1 - (-\frac{1}{2})}{-\frac{1}{2}} = -3$.

解法二 由已知可得,$f(1+x) = \dfrac{1-x}{x}$,令 $t = 1 + x$,得 $f(t) = \dfrac{1-(t-1)}{t-1} = \dfrac{2-t}{t-1}$,

即 $f(x) = \dfrac{2-x}{x-1}$,从而 $f\left(\dfrac{1}{2}\right) = \dfrac{2 - \frac{1}{2}}{\frac{1}{2} - 1} = -3$.故应选 C.

考点四　函数性质的判定

1. 单调性的判别

【方法归纳】 关于函数单调性的判断方法主要有:

(1) 定义判别法:任取定义域内的点 x_1 和 x_2,设 $x_1 < x_2$,通过判断 $f(x_1)$ 和 $f(x_2)$ 的大小关系,判断函数的单调性.这种方法需要熟练掌握函数单调性的定义,常用于函数表达式不复杂的题.

(2) 图像判别法:熟练掌握基本初等函数的图像,在客观题中借助于图像来判别;

(3) 求导判别法:将导数作为判别单调性的工具,此类题目见第三章导数的应用中单调性的判别.

例 下列函数在区间 $(-\infty, +\infty)$ 上单调减少的是 _____.

A. $\cos x$　　　　　　B. $2 - x$　　　　　　C. 2^x　　　　　　D. x^2

解 本题中给出的四个选项中函数都非常简单,可直接利用函数图像来判别函数的单调性,很容易得出正确选项.故应选 B.

【名师点拨】本题选项中出现的四个函数都是非常简单的函数,只需根据基本初等函数的图像即可判定其是否具备单调性.如果遇到的函数比较复杂,可借助导数作为工具来判别,该方法在导数的应用部分会单独介绍.

2. 奇偶性的判别

【方法归纳】在两个函数(常函数除外)的公共定义域关于原点对称的前提下,判断函数的奇偶性,除了定义法之外,还可以利用奇偶性的运算规律:

(1) 两个偶函数的和、差、积都是偶函数;

(2) 两个奇函数的和、差是奇函数,积是偶函数;

(3) 一个奇函数与一个偶函数的积是奇函数;

(4) 可导的奇函数的导数为偶函数,可导的偶函数的导数为奇函数.

例 1 函数 $y = x \tan x$ 是( ).

A. 有界函数　　　　　B. 单调函数　　　　　C. 偶函数　　　　　D. 周期函数

解 奇函数 $y = x$ 与奇函数 $y = \tan x$ 的乘积为偶函数.故应选 C.

【名师点拨】本题是把函数的几个特性放在一起来考查,在判别时,先从容易判断的特性入手.本题的考查对象是函数 $y = x \tan x$,最容易判断的是奇偶性,故可利用两个奇函数乘积为偶函数的性质来判断.

例 2 判断函数 $f(x) = \ln(x + \sqrt{1 + x^2})$ 的奇偶性.

解 $f(-x) = \ln(-x + \sqrt{1 + (-x)^2}) = \ln(\sqrt{1 + x^2} - x)$

$$= \ln \frac{(\sqrt{1 + x^2} - x)(\sqrt{1 + x^2} + x)}{(\sqrt{1 + x^2} + x)} = \ln \frac{1}{(\sqrt{1 + x^2} + x)}$$

$$= \ln(\sqrt{1 + x^2} + x)^{-1} = -\ln(\sqrt{1 + x^2} + x) = -f(x).$$

所以 $f(x) = \ln(x + \sqrt{1 + x^2})$ 为奇函数.

3. 周期性的判别

【方法归纳】对于函数周期性的判断需熟练掌握函数周期性的定义,还可以利用下面常用的结论:

(1) 可导的周期函数,求导后周期性不变,比如 $(\sin x)' = \cos x$.

(2) 两个周期函数和(差)的最小正周期为这两个周期函数最小正周期的最小公倍数.

例 1 假设函数 $f(x)$ 是周期为 2 的可导函数,则 $f'(x)$ 的周期为 _____.

解 函数求导后周期不变,所以 $f'(x)$ 的周期仍然为 2.故应填 2.

例 2 设函数 $f(x) = \sin \frac{x}{2} + \cos \frac{x}{3}$,则 $f(x)$ 的周期为 _____.

解 三角函数 $y = \sin(\omega x + \varphi)$ 或 $y = \cos(\omega x + \varphi)$ 的周期 $T = \frac{2\pi}{|\omega|}$,因此 $\sin \frac{x}{2}$ 的周期为

4π,$\cos \frac{x}{3}$ 的周期为 6π,所以 $f(x) = \sin \frac{x}{2} + \cos \frac{x}{3}$ 取两个函数周期的最小公倍数,为 12π.

故应填 12π.

4. 有界性的判别

【方法归纳】函数有界性的判断方法：

(1) 掌握简单的函数的图像,利用数形结合的方法；

(2) 利用闭区间上连续函数的性质(参见第一章第六节,闭区间上连续函数的性质)；

(3) 利用函数极限的局部有界性(参见第一章第二节,函数极限的性质)；

(4) 利用有界性的定义证明.

【注意】有界性常结合无穷小量一起考查(参见第一章第五节,无穷小的性质).

例 1　$f(x)=\ln(x-1)$ 在区间 $(1,+\infty)$ 上是(　　　).

A. 单减　　　　　　B. 单增　　　　　　C. 非单调函数　　　　　　D. 有界函数

解　因为函数 $y=\ln(x-1)$ 是函数 $y=\ln x$ 向右平移一个单位得到的,由对数函数的图像可知该函数在 $(1,+\infty)$ 是单增且是无界的. 故应选 B.

【名师点拨】在专升本考试中关于函数有界性的判别,需要同学们熟练掌握基本初等函数的图像,特别是在客观题中,利用数形结合的方法来处理. 本题就是利用自然对数函数 $f(x)=\ln x$ 的图像,将其向右平移 1 个单位得到 $f(x)=\ln(x-1)$ 的图像,通过观察图像即可判定该函数在其定义域单调递增且无界.

例 2　在 **R** 上,下列函数为有界函数的是(　　　).

A. e^x　　　　　　B. $1+\sin x$　　　　　　C. $\ln x$　　　　　　D. $\tan x$

解　因为选项 B 中,$|\sin x|\leqslant 1$,所以 $|1+\sin x|\leqslant 1+|\sin x|\leqslant 2$. 其他三个选项中列出的函数可以利用函数图形观察,易知不是有界的函数. 故应选 B.

真题解析

考点一　求函数的定义域

【真题1】(2021 高数三) 函数 $f(x)=\ln(2-x)$ 的定义域(　　　).

A. $[2,+\infty)$　　　　B. $(2,+\infty)$　　　　C. $(-\infty,2]$　　　　D. $(-\infty,2)$

解　由题意知,$2-x>0$,解得 $x<2$. 故应选 D.

【真题2】(2020 高数三) 函数 $y=\sqrt{x-3}$ 的定义域是 _____.

解　要使函数有意义,须 $x-3\geqslant 0$,即 $x\geqslant 3$,所以定义域为 $[3,+\infty)$. 故应填 $[3,+\infty)$.

【真题3】(2020 高数二) 函数 $f(x)=\dfrac{1}{\sqrt{x-3}}$ 的定义域为 _____.

解　由题意知 $x-3>0$,即 $x>3$,所以定义域为 $(3,+\infty)$. 故应填 $(3,+\infty)$.

【真题4】(2018 财经) 函数 $y=\sqrt{2x-x^2}-\arcsin\dfrac{2x-1}{7}$ 的定义域为(　　　).

A. $[-3,4]$　　　　B. $(-3,4)$　　　　C. $[0,2]$　　　　D. $(0,2)$

解　由题意可得 $\begin{cases}2x-x^2\geqslant 0,\\ -1\leqslant\dfrac{2x-1}{7}\leqslant 1,\end{cases}$ 即 $\begin{cases}0\leqslant x\leqslant 2,\\ -3\leqslant x\leqslant 4,\end{cases}$ 解得 $0\leqslant x\leqslant 2$. 故应选 C.

【真题5】 (2017 **工商**) 设 $f(x)$ 的定义域为 $[1,2]$，则函数 $f(x^2)$ 的定义域是(　　).

A. $[1,2]$

B. $[1,\sqrt{2}]$

C. $[-\sqrt{2},\sqrt{2}]$

D. $[-\sqrt{2},-1]\bigcup[1,\sqrt{2}]$

解　因为 $f(x)$ 的定义域为 $[1,2]$，所以有 $1\leqslant x^2\leqslant 2$，即 $\begin{cases} x^2\geqslant 1\Rightarrow x\geqslant 1 \text{ 或 } x\leqslant -1,\\ x^2\leqslant 2\Rightarrow -\sqrt{2}\leqslant x\leqslant\sqrt{2}, \end{cases}$ 取交

集得其定义域为 $[-\sqrt{2},-1]\bigcup[1,\sqrt{2}]$. 故应选 D.

考点二　判断两个函数是否相同

【真题】 (2017 **电子**) 下列各组函数中，是相同函数的是(　　).

A. $f(x)=\ln x^2$ 和 $g(x)=2\ln x$

B. $f(x)=|x|$ 和 $g(x)=\sqrt{x^2}$

C. $f(x)=x$ 和 $g(x)=(\sqrt{x})^2$

D. $f(x)=\dfrac{|x|}{x}$ 和 $g(x)=1$

解　因为选项 A、C、D 中的定义域不同，所以都不是相同的函数. 故应选 B.

> **【名师点拨】** 判断函数是否相同的两要素是定义域和对应法则，两要素都相同的函数为同一函数，缺一不可.

考点三　求函数的表达式及函数值

【真题1】 (2021 **高数三**) $f(x)=\dfrac{x}{1+x}$，$g(x)=e^x$，则 $f[g(0)]=$ ＿＿＿＿.

解　由题意知，$g(0)=e^0=1$，$f[g(0)]=f(1)=\dfrac{1}{2}$. 故应填 $\dfrac{1}{2}$.

【真题2】 (2020 **高数三**) 已知函数 $f(x)=\dfrac{x+1}{x-1}$，$x\in(1,+\infty)$，求复合函数 $f[f(x)]$.

解　$f[f(x)]=\dfrac{f(x)+1}{f(x)-1}=\dfrac{\dfrac{x+1}{x-1}+1}{\dfrac{x+1}{x-1}-1}=x$，$x\in(1,+\infty)$.

【真题3】 (2021 **高数一**) 已知 $f(x)=\begin{cases} \dfrac{1}{x}, & |x|>1,\\ 0, & |x|\leqslant 1, \end{cases}$ 则 $f[f(2021)]=$ ＿＿＿＿.

解　因为 $|2021|>1$，所以 $f(2021)=\dfrac{1}{2021}$，而 $\left|\dfrac{1}{2021}\right|\leqslant 1$，

所以 $f[f(2021)]=f(\dfrac{1}{2021})=0$. 故应填 0.

【真题4】 (2020 **高数二**) 已知函数 $f(x)=x^3+3x-2$，$g(x)=\tan x$，则 $f[g(\dfrac{\pi}{4})]$

$=$ ＿＿＿＿.

解　由题意知 $g\left(\dfrac{\pi}{4}\right)=\tan\dfrac{\pi}{4}=1$，所以 $f\left[g\left(\dfrac{\pi}{4}\right)\right]=f(1)=1+3-2=2$.故应填 2.

考点四　函数性质的判定

【真题1】（2020 **高数三**）以下区间是函数 $y=\sin x$ 的单调递增区间的是 _____.

A. $\left[0,\dfrac{\pi}{2}\right]$　　　　　B. $[0,\pi]$　　　　　C. $\left[\dfrac{\pi}{2},\pi\right]$　　　　　D. $\left[\pi,\dfrac{3\pi}{2}\right]$

解　由函数图形可知,函数 $\sin x$ 在 $\left[0,\dfrac{\pi}{2}\right]$ 上单调递增.故应选 A.

【真题2】（2014 **工商**,2013 **经管**）设 $f(x)$ 是定义在 $(-\infty,+\infty)$ 内的函数,且 $f(x)\neq C$,则下列必是奇函数的是(　　).

A. $f(x^3)$　　　　　B. $[f(x)]^3$　　　　　C. $f(x)\cdot f(-x)$　　　　　D. $f(x)-f(-x)$

解　由于 $f(x)$ 不知道奇偶性,所以 A、B 选项中函数的奇偶性无法确定;

C 选项中,将函数的自变量换为 $-x$,函数不变 $f(x)\cdot f(-x)=f(-x)\cdot f(x)$,所以为偶函数;

D 选项中设 $g(x)=f(x)-f(-x)$,则

$$g(-x)=f(-x)-f(x)=-[f(x)-f(-x)]=-g(x),$$

所以 $g(x)$ 是奇函数.故应选 D.

【名师点拨】 若函数 $f(x)$ 在 $(-\infty,+\infty)$ 有定义,且 $f(x)\neq$ 常数,则:

(1) $f(x)+f(-x)$ 为偶函数;(2) $f(x)-f(-x)$ 为奇函数.

━━━━━━━━━━━━━━━━ 📖 考 纲 解 读 📖 ━━━━━━━━━━━━━━━━

一、最新大纲要求

1.理解函数的概念,会求函数的定义域、表达式及函数值,会建立应用问题的函数关系.

2.掌握函数的有界性、单调性、周期性和奇偶性.

3.理解分段函数、反函数和复合函数的概念.

4.掌握函数的四则运算与复合运算.

5.掌握基本初等函数的性质及其图形,理解初等函数的概念.

二、本节方法综述

在专升本考试中,函数部分的考查内容比较多,主要有以下内容:

1.函数概念的考查,主要考查求函数的定义域和判别两个函数是否为同一个函数.函数相同需要遵循定义域相同和对应法则 f 相同两个原则.

2.求函数的定义域,要熟练掌握基本初等函数的定义域,对于复合函数求定义域,特别是抽象的复合函数求定义域是难点,要想熟练掌握定义域题型,需要先掌握以下求定义域的基本要求:

(1) 分式中的分母不等于零;

(2) 负数不能开偶次方根;

(3) 对数中的真数须大于零;

(4) 反正弦函数 $y=\arcsin x$ 与反余弦函数 $y=\arccos x$ 中的 x 必须满足 $|x|\leqslant 1$;

(5) 以上多种情形在某函数中出现时,应取其交集;

(6) 根据实际问题的实际意义会求函数的实际定义域.

3. 求函数的表达式需要充分理解函数的概念,"复合"运算是函数的一种基本运算,采取的方法一般应按照由自变量开始,先内层后外层的顺序逐层求解.

4. 熟练掌握函数的单调性、奇偶性、周期性和有界性的定义并会利用数形结合等方法判断函数的特性

第二节　极限的概念与性质

------------------------------ 基 本 知 识 ------------------------------

一、数列的极限

1. 数列

定义 1.2.1　在某一对应规则下,当 $n(n\in \mathbf{N}^*)$ 依次取 $1,2,3,\cdots,n,\cdots$ 时,对应的实数排成一列数 $x_1,x_2,\cdots,x_n,\cdots$ 这列数就称为**数列**.记作 $\{x_n\}$.

通常称 x_1 为数列的第一项(或称首项),x_2 为第 2 项,$\cdots$,x_n 为第 n 项(或称一般项).从定义可以看到,数列可以理解为定义域为正整数集 $\mathbf{N}^*$ 的函数 $x_n=f(n),(n\in \mathbf{N}^*)$,当自变量 n 依次取 $1,2,3,\cdots,n,\cdots$ 时,对应的函数值就构成了数列 $\{x_n\}$.在几何上,数列 $\{x_n\}$ 可看作数轴上的一族动点,它依次取数轴上的点 $x_1,x_2,\cdots,x_n,\cdots$

2. 数列的极限

定义 1.2.2　如果数列 $\{x_n\}$ 的项数 n 无限增大时(记为 $n\rightarrow\infty$),它的一般项 x_n 无限接近于一个确定的常数 a,则称 a 是数列 $\{x_n\}$ 的**极限**,或称数列 $\{x_n\}$ **收敛于** a,记作:$\lim\limits_{n\rightarrow\infty}x_n=a$ 或 $x_n\rightarrow a(n\rightarrow\infty)$.否则,称数列 $\{x_n\}$ 的极限不存在(或称数列是**发散的**).

例如,数列 $\left\{\dfrac{1}{2^n}\right\}$,它的极限是 0,记作 $\lim\limits_{n\rightarrow\infty}\dfrac{1}{2^n}=0$,并且称数列 $\left\{\dfrac{1}{2^n}\right\}$ 是收敛的;数列 $\left\{(-1)^n\dfrac{n}{n+1}\right\}$,它的极限是不存在的,称数列 $\left\{(-1)^n\dfrac{n}{n+1}\right\}$ 是发散的.

当 n 无限增大时,如果 $|x_n|$ 无限增大,则数列没有极限.这时,习惯上也称数列 $\{x_n\}$ 的极限是无穷大,记作 $\lim\limits_{n\rightarrow\infty}x_n=\infty$.例如,$\lim\limits_{n\rightarrow\infty}(-1)^n n=\infty$.

定义 1.2.3　对于数列 $\{x_n\}$,如果存在正数 M,使得对于一切 x_n 都满足不等式 $|x_n|\leqslant M$,则**称数列 $\{x_n\}$ 是有界的**;如果找不到这样的正数 M,就说**数列 $\{x_n\}$ 是无界的**.

例如,数列 $\left\{(-1)^n\dfrac{n}{n+1}\right\}$ 是有界的,取 $M=1$,对于一切 x_n 都满足 $\left|(-1)^n\dfrac{n}{n+1}\right|=\dfrac{n}{n+1}\leqslant 1$,数列 $\{(-1)^n 2n\}$ 是无界的,因为当 n 无限增大时,$|(-1)^n 2n|=2n$ 无限增大,可超过任何正数.

3. 收敛数列的性质

定理 1.2.1（唯一性）　如果数列 $\{x_n\}$ 收敛，那么它的极限唯一.

定理 1.2.2（有界性）　如果数列 $\{x_n\}$ 收敛，则数列 $\{x_n\}$ 一定有界.

例如，收敛数列 $\left\{\dfrac{n+1}{n}\right\}$，$\left\{\dfrac{1}{2^n}\right\}$ 都是有界的，$\left|\dfrac{n+1}{n}\right| \leqslant 2$，$\left|\dfrac{1}{2^n}\right| \leqslant 1$.

但是，发散数列可能有界，也可能无界. 比如发散数列 $\{(-1)^n n\}$，因为 $|(-1)^n n| \to \infty (n \to \infty)$，所以该数列无界；而发散数列 $\{(-1)^n\}$ 是有界的.

结论：(1) 数列有界是数列收敛的必要条件，而非充分条件，即有界数列未必收敛.

(2) 无界数列必定发散（定理 1.2.2 的逆否命题）.

二、函数的极限

1. $x \to \infty$ 时函数 $f(x)$ 的极限

定义 1.2.4　若函数 $f(x)$ 在 $x > M (M > 0)$ 时有定义，当 $x \to +\infty$ 时，对应的函数 $f(x)$ 的值无限接近确定的常数 A，则称 A 是函数 $f(x)$ 当 $x \to +\infty$ 时的**极限**，记作：$\lim\limits_{x \to +\infty} f(x) = A$ 或 $f(x) \to A (x \to +\infty)$. 此时也称极限 $\lim\limits_{x \to +\infty} f(x)$ 存在，否则，称极限 $\lim\limits_{x \to +\infty} f(x)$ 不存在.

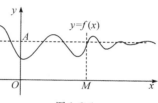

图 1.2.1

从几何上看，极限式 $\lim\limits_{x \to +\infty} f(x) = A$ 表示：随着 x 的无限增大，曲线 $y = f(x)$ 上对应的点与直线 $y = A$ 的距离无限的变小. 如图 1.2.1 所示.

例如：当 $x \to +\infty$ 时，$\left(\dfrac{1}{2}\right)^x \to 0$，记作 $\lim\limits_{x \to +\infty} \left(\dfrac{1}{2}\right)^x = 0$，如图 1.2.2 所示. 当 $x \to +\infty$ 时，$\arctan x \to \dfrac{\pi}{2}$，记作 $\lim\limits_{x \to +\infty} \arctan x = \dfrac{\pi}{2}$. 如图 1.2.3 所示.

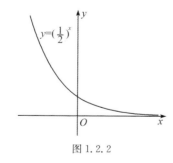

图 1.2.2

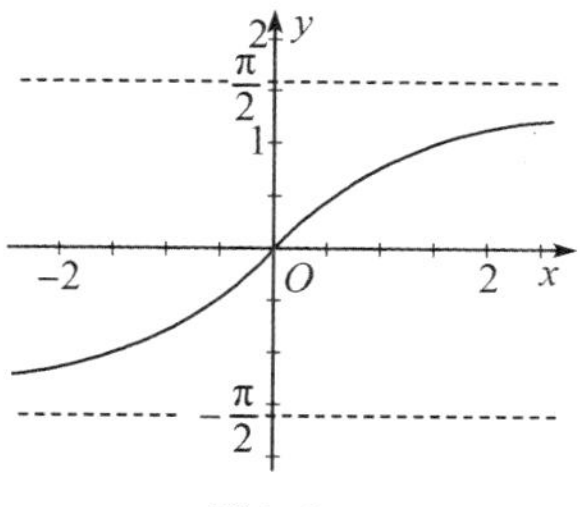

图 1.2.3

定义 1.2.5　设函数 $f(x)$ 在 $x < -M (M > 0)$ 时有定义，当 $x \to -\infty$ 时，对应的函数 $f(x)$ 的值无限接近确定的常数 A，则称 A 是函数 $f(x)$ 当 $x \to -\infty$ 时的极限，记作：$\lim\limits_{x \to -\infty} f(x) = A$ 或 $f(x) \to A (x \to -\infty)$.

从几何上看，极限式 $\lim\limits_{x \to -\infty} f(x) = A$ 表示：随着 x 的无限减小，曲线 $y = f(x)$ 上对应的点与直线 $y = A$ 的距离无限的变小. 如图 1.2.4 所示.

例如：$\lim\limits_{x \to -\infty} 2^x = 0$，$\lim\limits_{x \to -\infty} \arctan x = -\dfrac{\pi}{2}$.

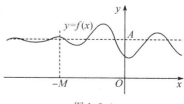

图 1.2.4

定义 1.2.6 设函数 $y=f(x)$，在 $|x|>M(M>0)$ 时有定义，当 x 的绝对值无限增大 $(x \to \infty)$ 时，若函数 $f(x)$ 的值无限趋近于一个确定的常数 A，则称常数 A 为 $x \to \infty$ 时函数 $f(x)$ 的**极限**，记作：$\lim\limits_{x \to \infty} f(x)=A$ 或 $f(x) \to A(x \to \infty)$. 此时也称极限 $\lim\limits_{x \to \infty} f(x)$ 存在，否则称极限 $\lim\limits_{x \to \infty} f(x)$ 不存在.

由上述三个定义可得下面的定理：

定理 1.2.4 极限 $\lim\limits_{x \to \infty} f(x)$ 存在的**充分必要条件**是 $\lim\limits_{x \to +\infty} f(x)$ 与 $\lim\limits_{x \to -\infty} f(x)$ 都存在且相等，即 $\lim\limits_{x \to \infty} f(x)=A \Leftrightarrow \lim\limits_{x \to +\infty} f(x)=A=\lim\limits_{x \to -\infty} f(x)$.

2. $x \to x_0$ 时函数 $f(x)$ 的极限

定义 1.2.7 设函数 $f(x)$ 在点 x_0 的某去心邻域内有定义，A 为常数，如果在自变量 $x \to x_0$ 的变化过程中，函数 $f(x)$ 的值无限接近于 A，则称 A 是函数 $f(x)$ 当 $x \to x_0$ 时的**极限**，记作：$\lim\limits_{x \to x_0} f(x)=A$ 或 $f(x) \to A(x \to x_0)$.

【注意】(1)"设函数 $f(x)$ 在点 x_0 的某个去心邻域内有定义"的意思是：函数 $f(x)$ 在 x_0 附近的变化趋势，极限 $\lim\limits_{x \to x_0} f(x)=A$ 存在与否，与 $f(x)$ 在 x_0 点处有无定义或者 $f(x_0)$ 是什么数都没有关系.

(2)"在自变量 $x \to x_0$ 的变化过程中，函数值 $f(x)$ 无限接近于 A"意思是：当 x 与 x_0 充分靠近（但不相等）时，$f(x)$ 可以与 A 无限靠近，要多近就有多近.

定义 1.2.8 设函数 $y=f(x)$ 在点 x_0 的左邻域内有定义，如果自变量 x 从 x_0 的左侧趋近于 x_0 时，函数 $f(x)$ 无限趋近于一个确定的常数 A，则称 A 为当 $x \to x_0$ 时函数 $f(x)$ 的**左极限**，记作：$\lim\limits_{x \to x_0^-} f(x)=A$ 或 $f(x_0-0)=A$ 或 $f(x_0^-)=A$.

定义 1.2.9 设函数 $y=f(x)$ 在点 x_0 的右邻域内有定义，如果自变量 x 从 x_0 的右侧趋近于 x_0 时，函数 $f(x)$ 无限趋近于一个确定的常数 A，则称 A 为当 $x \to x_0$ 时函数 $f(x)$ 的**右极限**，记作：$\lim\limits_{x \to x_0^+} f(x)=A$ 或 $f(x_0+0)=A$ 或 $f(x_0^+)=A$.

左极限和右极限称为**单侧极限**.

根据上述定义有如下关系：

定理 1.2.5 极限 $\lim\limits_{x \to x_0} f(x)$ 存在且等于 A 的充分必要条件是左极限 $\lim\limits_{x \to x_0^-} f(x)$ 与右极限 $\lim\limits_{x \to x_0^+} f(x)$ 都存在且等于 A. 即 $\lim\limits_{x \to x_0} f(x)=A \Leftrightarrow \lim\limits_{x \to x_0^-} f(x)=\lim\limits_{x \to x_0^+} f(x)=A$.

【注意】(1) 极限 $\lim\limits_{x \to x_0} f(x)$ 是否存在，与函数 $f(x)$ 在 $x=x_0$ 处是否有定义无关.

(2) 函数 $f(x)$ 在 $x=x_0$ 点处的左右两侧解析式不相同时，考察极限 $\lim\limits_{x \to x_0} f(x)$，必须先考察它的左、右极限. 如分段函数在分界点处的极限问题，就属于这种情况.

3. 函数极限的性质

定理 1.2.6(唯一性) 若极限 $\lim\limits_{x \to x_0} f(x)$ 存在，则极限是唯一的.

定理 1.2.7(局部有界性) 若 $\lim\limits_{x \to x_0} f(x)$ 存在，则 $f(x)$ 在 x_0 的某去心邻域 $\mathring{U}(x_0)$ 内有界.

------------------------------ 📖 考 点 解 读 📖 ------------------------------

在专升本考试中,本节主要考查以下几方面的内容:

1. 极限的概念与性质.

2. 左极限与右极限.

3. 极限存在的充分必要条件.

考点一 极限的概念与性质

1. 极限的定义和性质

【方法归纳】对极限概念的考查,有以下两点:

(1)极限的存在性.极限考查函数 $f(x)$(或数列 $\{x_n\}$)在自变量 x(或项数 n)的某一变化趋势下的变化趋势.因此,$f(x)$ 在点 x_0 是否有极限,与 $f(x)$ 在点 x_0 是否有定义无关.

(2)极限值是个确定的常数,常数的极限等于其本身.后面陆续学习到的导数、定积分、二重积分的定义也都具有这一特点.

例1 函数 $f(x)$ 在点 x_0 有定义是 $f(x)$ 在点 x_0 有极限的( )条件.

A. 充分   B. 必要   C. 充分必要   D. 无关

解 $f(x)$ 在点 x_0 极限存在的前提是 $f(x)$ 在 x_0 点的去心邻域内有定义,故 $f(x)$ 可以在点 x_0 处没有定义.故应选 D.

> 【名师点拨】$f(x)$ 在点 x_0 是否有极限,主要是考查 $f(x)$ 在 x_0 点左右邻近的变化趋势,与 $f(x)$ 在点 x_0 是否有定义无关.

例2 下列数列当中,当 $n \to \infty$ 时,有极限的是( ).

A. $x_n = -2n$ B. $x_n = \sqrt{n}$ C. $x_n = (-1)^n$ D. $x_n = \dfrac{2}{n^2}$

解 选项 A,$\lim\limits_{n \to \infty} x_n = \lim\limits_{n \to \infty}(-2n) = \infty$;

选项 B,$\lim\limits_{n \to \infty} x_n = \lim\limits_{n \to \infty} \sqrt{n} = \infty$;

选项 C,该数列始终在 -1 和 1 之间来回振荡,不能趋近于任何常数,所以没有极限;

选项 D,$\lim\limits_{n \to \infty} x_n = \lim\limits_{n \to \infty} \dfrac{2}{n^2} = 0$,因此只有 D 中的数列有极限.故应选 D.

2. 已知极限存在求函数或求函数的极限

【方法归纳】利用极限值是一个常数,求极限或求函数表达式,具体方法是:方程两边同时求极限,一定要保持自变量的变化过程与已知的极限一致,而且常数的极限等于其本身.这种解法也适用于等式中将极限形式换成定积分形式,因为定积分如果存在,其值也是一个常数.

例 若 $\lim\limits_{x \to 1} f(x)$ 存在,且 $f(x) = x^3 + \dfrac{2x^2 + 1}{x + 1} + 2\lim\limits_{x \to 1} f(x)$,则 $\lim\limits_{x \to 1} f(x) =$ _____.

解 由极限的定义,若极限存在,则极限值一定为常数.

不妨设 $\lim\limits_{x \to 1} f(x) = c$,对等式 $f(x) = x^3 + \dfrac{2x^2 + 1}{x + 1} + 2\lim\limits_{x \to 1} f(x)$ 两边同时取

$x \to 1$ 时的极限,可得 $\lim\limits_{x \to 1} f(x) = \lim\limits_{x \to 1}\left(x^3 + \dfrac{2x^2+1}{x+1} + 2c\right)$,

即 $c = 1 + \dfrac{3}{2} + 2c$,所以 $c = -\dfrac{5}{2}$,即 $\lim\limits_{x \to 1} f(x) = -\dfrac{5}{2}$. 故应填 $-\dfrac{5}{2}$.

考点二　利用极限存在的充要条件求极限

1. $x \to \infty$ 时函数 $f(x)$ 的极限

【方法归纳】 $\lim\limits_{x \to \infty} f(x) = A \Leftrightarrow \lim\limits_{x \to -\infty} f(x) = \lim\limits_{x \to +\infty} f(x) = A$.

例　$\lim\limits_{x \to \infty} 3^x = (\quad)$.

A. 1　　　　　　　　B. 0　　　　　　　　C. $+\infty$　　　　　　　　D. 不存在

解　结合指数函数的图形可知,当 $x \to -\infty$ 时,$3^x \to 0$;当 $x \to +\infty$ 时,$3^x \to +\infty$,所以极限不存在. 故应选 D.

2. $x \to x_0$ 时函数 $f(x)$ 的极限

【方法归纳】 充要条件 $\lim\limits_{x \to x_0} f(x) = A \Leftrightarrow \lim\limits_{x \to x_0^-} f(x) = \lim\limits_{x \to x_0^+} f(x) = A$ 是判断函数在某点处极限是否存在的有力工具,该充要条件主要用于以下三种情形:

2.1 指数函数形式的复合函数求极限

【方法归纳】 当 $\varphi(x) \to \infty$ 时,对函数 $a^{\varphi(x)}$ 求极限,可借助指数函数图像,分别考虑指数 $\varphi(x) \to +\infty$ 和 $\varphi(x) \to -\infty$ 两种情况.

(1) 当 $a > 1$ 时,$\lim\limits_{\varphi(x) \to -\infty} a^{\varphi(x)} = 0$,$\lim\limits_{\varphi(x) \to +\infty} a^{\varphi(x)} = +\infty$;

(2) 当 $0 < a < 1$ 时,$\lim\limits_{\varphi(x) \to -\infty} a^{\varphi(x)} = +\infty$,$\lim\limits_{\varphi(x) \to +\infty} a^{\varphi(x)} = 0$.

例　$\lim\limits_{x \to 0} 3^{\frac{1}{x}} = (\quad)$.

A. 1　　　　　　　　B. 0　　　　　　　　C. ∞　　　　　　　　D. 不存在

解　当 $x \to 0^-$ 时,$\dfrac{1}{x} \to -\infty$,则 $3^{\frac{1}{x}} \to 0$;当 $x \to 0^+$ 时,$\dfrac{1}{x} \to +\infty$,则 $3^{\frac{1}{x}} \to +\infty$,所以极限不存在. 故应选 D.

2.2 含有绝对值的函数的极限

【方法归纳】 当 $\varphi(x) \to 0$ 时,计算含有绝对值符号的函数 $|\varphi(x)|$ 的极限时,需要分别讨论 $\varphi(x) \to 0^-$ 和 $\varphi(x) \to 0^+$ 时的极限,然后根据极限存在定理判断求解极限值.

例　求极限 $\lim\limits_{x \to 0} \dfrac{|x|}{x(x-1)(x-2)^2}$.

解　因为 $\lim\limits_{x \to 0^+} \dfrac{|x|}{x(x-1)(x-2)^2} = \lim\limits_{x \to 0^+} \dfrac{x}{x(x-1)(x-2)^2} = \lim\limits_{x \to 0^+} \dfrac{1}{(x-1)(x-2)^2} = -\dfrac{1}{4}$,

$\lim\limits_{x \to 0^-} \dfrac{|x|}{x(x-1)(x-2)^2} = \lim\limits_{x \to 0^-} \dfrac{-x}{x(x-1)(x-2)^2} = \lim\limits_{x \to 0^-} \dfrac{-1}{(x-1)(x-2)^2} = \dfrac{1}{4}$,

所以 $\lim\limits_{x \to 0} \dfrac{|x|}{x(x-1)(x-2)^2}$ 不存在.

2.3 分段函数在分界点处的极限

【方法归纳】求分段函数在分界点处的极限,若分界点两侧的函数表达式不一样,需要分别求分界点处的单侧极限,然后根据极限存在定理判断求解极限值.

例 1 若 $f(x)=\begin{cases} x-1, & x<0, \\ 0, & x=0, \\ x+1, & x>0, \end{cases}$ 则 $\lim\limits_{x\to 0}f(x)=($ $)$.

A. -1 B. 0

C. 1   D. 不存在

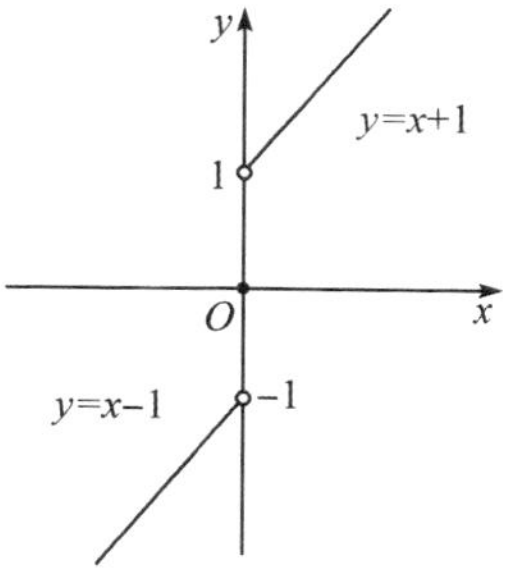

解 如图 1.2.5 所示.

$\lim\limits_{x\to 0^{-}}f(x)=\lim\limits_{x\to 0^{-}}(x-1)=-1$, $\lim\limits_{x\to 0^{+}}f(x)=\lim\limits_{x\to 0^{+}}(x+1)=1$,所以 $\lim\limits_{x\to 0}f(x)$ 不存在.故应选 D.

图 1.2.5

【名师点拨】极限 $\lim\limits_{x\to x_0}f(x)$ 是否存在,与函数 $f(x)$ 在 $x=x_0$ 处是否有定义无关.

例 2 设 $f(x)=\begin{cases} 1+\sin x, & x<0, \\ \cos x+k, & x\geqslant 0, \end{cases}$ 则常数 $k=($ $)$ 时函数 $f(x)$ 在定义域内有极限.

A. 2   B. -2 C. 0   D. 1

解 因为 $\lim\limits_{x\to 0^{-}}f(x)=\lim\limits_{x\to 0^{-}}(1+\sin x)=1$,$\lim\limits_{x\to 0^{+}}f(x)=\lim\limits_{x\to 0^{+}}(\cos x+k)=k+1$,由函数极限存在的充分必要条件得 $1=k+1$,即 $k=0$.故应选 C.

📖 **真 题 解 析** 📖

考点一 极限的概念与性质

【真题】 (2015 经管类,2010 会计) 若 $\lim\limits_{x\to x_0}f(x)$ 存在,则 $f(x)$ 在点 x_0 处是(   ).

A. 一定有定义   B. 一定没有定义

C. 可以有定义,也可以没有定义   D. 以上都不对

解 $\lim\limits_{x\to x_0}f(x)$ 是研究自变量从 x_0 点左右两侧无限趋近于 x_0 点时,函数的变化趋势.$\lim\limits_{x\to x_0}f(x)$ 存在与否与 x_0 点处的函数值 $f(x_0)$ 无关.故应选 C.

考点二 利用极限存在的充要条件求极限

【真题】 (2009 会计) 已知函数 $f(x)=\dfrac{|x|}{x}$ 则 $\lim\limits_{x\to 0}f(x)=($ $)$.

A. 1   B. -1 C. 0   D. 不存在

解 因为 $\lim\limits_{x\to 0^{+}}f(x)=\lim\limits_{x\to 0^{+}}\dfrac{x}{x}=1$,$\lim\limits_{x\to 0^{-}}f(x)=\lim\limits_{x\to 0^{-}}\dfrac{-x}{x}=-1$,即左右两个单侧极限存在但不相等,所以 $\lim\limits_{x\to 0}f(x)$ 不存在.故应选 D.

◆------------------------------📖 考 纲 解 读 📖------------------------------◆

一、最新大纲要求

1. 理解数列极限和函数极限(包括左极限和右极限)的概念.

2. 理解函数极限存在与左极限、右极限存在之间的关系.

3. 了解数列极限和函数极限的性质.

二、本节方法综述

1. 讨论函数极限是否存在与函数定义之间的关系常以选择题型出现,应充分理解函数讨论自变量趋于某点时极限与函数在该点处定义无确定联系.

2. 函数特别是分段函数讨论自变量趋于某点时极限,应充分考虑到函数趋近点两侧定义异同,利用左右极限讨论其存在性: $\lim\limits_{x \to x_0} f(x) = A \Leftrightarrow \lim\limits_{x \to x_0^-} f(x) = \lim\limits_{x \to x_0^+} f(x) = A$.

3. 极限存在则极限值为确定的常数,利用这个结论可以计算相关的极限.

$$\boxed{\text{第三节 \quad 极限的运算法则}}$$

------------------------------📖 基 本 知 识 📖------------------------------

一、极限的四则运算法则

数列 $\{x_n\}$ 和函数 $f(x)$ 统称为变量,记为 x,$\lim x = A$ 表示在自变量的某种变化趋势下,变量 x 的极限等于 A.

定理 1.3.1 如果极限 $\lim x = A$ 与极限 $\lim y = B$ 都存在,则

(1) $\lim(x \pm y)$ 存在,且有 $\lim(x \pm y) = \lim x \pm \lim y = A \pm B$,

即两个变量的和(或差)的极限,等于这两个变量的极限的和(或差).

(2) $\lim(x \cdot y)$ 存在,且有 $\lim(x \cdot y) = \lim x \cdot \lim y = A \cdot B$,

即两个变量的乘积的极限,等于这两个变量的极限的乘积.

(3) 若 $B \neq 0$,则 $\lim\left(\dfrac{x}{y}\right)$ 存在,且有 $\lim\left(\dfrac{x}{y}\right) = \dfrac{\lim x}{\lim y} = \dfrac{A}{B}$,

即两个变量的商的极限,等于这两个变量的极限的商.

推论 设极限 $\lim x = A$ 存在,则

(1) 若 C 是常数,则 $\lim[Cx]$ 存在,且有 $\lim[Cx] = C \lim x$.

(2) 若 n 为正整数,则有 $\lim(x^n) = (\lim x)^n = A^n$.

定理 1.3.1 及其推论说明在极限存在的前提之下,求极限与四则运算可交换运算次序,定理 1.3.1 中的(1)(2)可以推广到有限多个函数的情况.

【注意】两个常用的极限:

(1) $\lim\limits_{x \to x_0} C = C$,($C$ 是常数);(2) $\lim\limits_{x \to x_0} x^k = x_0^k$,($k \in \mathbf{N}^*$).

规律 1:(1) 已知多项式函数 $P_n(x) = a_0 x^n + a_1 x^{n-1} + \cdots + a_{n-1} x + a_n$,

则 $\lim\limits_{x \to x_0} P_n(x) = P_n(x_0)$.

（2）已知有理分式函数 $\dfrac{P_n(x)}{Q_m(x)}$（其中 $P_n(x)$，$Q_m(x)$ 为多项式函数，

$$Q_m(x)=b_0x^m+b_1x^{m-1}+\cdots+b_{m-1}x+b_m），$$

则 $\lim\limits_{x\to x_0}\dfrac{P_n(x)}{Q_m(x)}=\dfrac{\lim\limits_{x\to x_0}P_n(x)}{\lim\limits_{x\to x_0}Q_m(x)}=\dfrac{P_n(x_0)}{Q_m(x_0)}$，其中 $Q_m(x_0)\neq 0$.

【注意】当 $Q_m(x_0)=0$ 时，商的极限运算法则就不能使用，需经适当处理后再求极限.

规律2：对于"$\dfrac{0}{0}$"型的有理（或无理）分式函数的极限，可以先约分（或有理化）再求极限.

规律3：对于"$\infty-\infty$"型未定式的极限，可以先通分（或有理化）再求极限.

规律4：对于"$\dfrac{\infty}{\infty}$"型未定式的极限，当 $a_0\neq 0$，$b_0\neq 0$，m 和 n 均为正整数时，有

$$\lim\limits_{x\to\infty}\dfrac{a_0x^n+a_1x^{n-1}+\cdots+a_n}{b_0x^m+b_1x^{m-1}+\cdots+b_m}=\begin{cases} a_0/b_0, & \text{当 } n=m \text{ 时,}\\ 0, & \text{当 } n<m \text{ 时,}\\ \infty, & \text{当 } n>m \text{ 时.}\end{cases}$$

俗称"抓大头".

考点解读

在专升本考试中，本节主要考查以下内容：

1. 利用极限的四则运算法则计算函数极限.

2. 利用极限的四则运算法则计算数列极限.

考点一　利用极限的四则运算法则计算"$\dfrac{0}{0}$"型未定式极限

【方法归纳】利用极限的四则运算法则计算"$\dfrac{0}{0}$"型未定式，可以采用约分或者有理化的方法进行化简.

1. 先约分，再求极限

例　求极限 $\lim\limits_{x\to 1}\dfrac{x^2-2x+1}{x^2-1}$.

解　$\lim\limits_{x\to 1}\dfrac{x^2-2x+1}{x^2-1}=\lim\limits_{x\to 1}\dfrac{(x-1)^2}{(x-1)(x+1)}=\lim\limits_{x\to 1}\dfrac{x-1}{x+1}=0$.

> 【名师点拨】对于"$\dfrac{0}{0}$"型的有理分式极限，约去分子分母中无穷小公因式，继而变成分母极限非零的形式，后利用商式极限法则求解.

2. 先有理化，再求极限

例　$\lim\limits_{x\to 1}\dfrac{\sqrt{3-x}-\sqrt{1+x}}{x^2+x-2}=$ _____.

解　原式 $=\lim\limits_{x\to 1}\dfrac{\sqrt{3-x}-\sqrt{1+x}}{x^2+x-2}=\lim\limits_{x\to 1}\dfrac{(\sqrt{3-x}-\sqrt{1+x})(\sqrt{3-x}+\sqrt{1+x})}{(x^2+x-2)(\sqrt{3-x}+\sqrt{1+x})}$

$$=\lim_{x\to 1}\frac{2(1-x)}{(x+2)(x-1)}\cdot\lim_{x\to 1}\frac{1}{\sqrt{3-x}+\sqrt{1+x}}=\lim_{x\to 1}\frac{-2}{x+2}\cdot\frac{1}{2\sqrt{2}}=-\frac{\sqrt{2}}{6}.$$

故应填 $-\dfrac{\sqrt{2}}{6}$.

【名师点拨】 对于 "$\dfrac{0}{0}$" 型的无理式,可先有理化,然后约分化简,再用商的极限运算法则计算极限.

考点二 利用极限的四则运算法则计算"$\dfrac{\infty}{\infty}$"型未定式极限

【方法归纳】 若分子分母的极限都为"∞",这种极限为"$\dfrac{\infty}{\infty}$"未定式,此时使用下面的结论:

设 $a_0\neq 0,b_0\neq 0,m,n$ 为自然数,对于分式函数有

$$\lim_{x\to\infty}\frac{a_0x^n+a_1x^{n-1}+\cdots+a_n}{b_0x^m+b_1x^{m-1}+\cdots+b_m}=\begin{cases}a_0/b_0, & \text{当 } n=m \text{ 时},\\ 0, & \text{当 } n<m \text{ 时},\\ \infty, & \text{当 } n>m \text{ 时}.\end{cases}$$

在计算中分子分母同除 x 的最高次幂,俗称"抓大头".

例 1 求极限 $\lim\limits_{x\to\infty}\dfrac{3x^2-2x+5}{x^2-x+1}$.

解 分子分母同除以 x^2 得

$$\lim_{x\to\infty}\frac{3x^2-2x+5}{x^2-x+1}=\lim_{x\to\infty}\frac{3-\dfrac{2}{x}+\dfrac{5}{x^2}}{1-\dfrac{1}{x}+\dfrac{1}{x^2}}=3.$$

例 2 极限 $\lim\limits_{x\to\infty}\dfrac{(x+1)(x-2)(x+3)}{(1-3x)^3}=$(　　).

A. 1　　　　　　 B. $-\dfrac{1}{3}$　　　　　　 C. $-\dfrac{1}{9}$　　　　　　 D. $-\dfrac{1}{27}$

解 $\lim\limits_{x\to\infty}\dfrac{(x+1)(x-2)(x+3)}{(1-3x)^3}=\lim\limits_{x\to\infty}\dfrac{\left(1+\dfrac{1}{x}\right)\left(1-\dfrac{2}{x}\right)\left(1+\dfrac{3}{x}\right)}{\left(\dfrac{1}{x}-3\right)^3}=-\dfrac{1}{27}.$ 故应选 D.

考点三 利用极限的四则运算法则计算 "$\infty-\infty$" 型未定式极限

【方法归纳】 利用极限的四则运算法则计算 "$\infty-\infty$" 型未定式的极限,通常采用通分或分子有理化的化简方法.

1. 先通分再约分或用洛必达法则

例 求极限 $\lim\limits_{x\to-1}\left(\dfrac{1}{x+1}-\dfrac{3}{x^3+1}\right)$.

解法一 先通分再约分得

$$\lim_{x\to 1}\left(\frac{1}{x+1}-\frac{3}{x^3+1}\right)=\lim_{x\to 1}\frac{x^2-x-2}{x^3+1}=\lim_{x\to 1}\frac{(x+1)(x-2)}{(x+1)(x^2-x+1)}=\lim_{x\to 1}\frac{x-2}{x^2-x+1}=-1.$$

解法二　通分后利用洛必达法则得

$$\lim_{x\to 1}\left(\frac{1}{x+1}-\frac{3}{x^3+1}\right)=\lim_{x\to 1}\frac{x^2-x-2}{x^3+1}=\lim_{x\to 1}\frac{2x-1}{3x^2}=-1.$$

【名师点拨】本节主要学习利用极限的四则运算法则求极限的方法,为了便于有余力的读者学习,此处提供解法二(洛必达法则参见第三章第二节),读者可自行预习后再学习解法二.

2. 利用分子有理化

例　求极限 $\lim\limits_{x\to +\infty}\left(\sqrt{x-5}-\sqrt{x}\right)$.

解　利用分子有理化,得 $\lim\limits_{x\to +\infty}\left(\sqrt{x-5}-\sqrt{x}\right)=\lim\limits_{x\to +\infty}\frac{-5}{\sqrt{x-5}+\sqrt{x}}=0$. 故应填 0.

【名师点拨】对于"$\infty-\infty$"型未定式,且为无理式,需要先进行分子有理化,进而求极限.

考点四　利用极限的四则运算法则计算"$0\cdot\infty$"型未定式极限

【方法归纳】对含有无理式的"$0\cdot\infty$"型的极限问题,先进行分子或分母的有理化(即分子分母同乘无理式的共轭式)再对分子、分母同除以最高次数项. 此类含有无理式的题型通常不适合使用洛必达法则求解.

例　求极限 $\lim\limits_{x\to +\infty}x\cdot\left(\sqrt{x^2+3}-\sqrt{x^2-1}\right)$.

解　乘上共轭根式,化为"$\dfrac{\infty}{\infty}$"型,

$$\lim_{x\to +\infty}x\cdot\left(\sqrt{x^2+3}-\sqrt{x^2-1}\right)=\lim_{x\to +\infty}\frac{4x}{\sqrt{x^2+3}+\sqrt{x^2-1}}=\lim_{x\to +\infty}\frac{4}{\sqrt{1+\dfrac{3}{x^2}}+\sqrt{1-\dfrac{1}{x^2}}}=2.$$

考点五　利用极限的四则运算法则求数列极限

【方法归纳】对于数列和的极限,要注意先判断是无穷多项之和还是有限项之和.

(1) 如果是有限项和的极限,可以用极限的四则运算法则求解;

(2) 如果是无穷多项之和,可以利用数列相应的求和方法,求和后再求极限.

1. 利用极限的四则运算法则求极限

例　求极限 $\lim\limits_{n\to \infty}(\sqrt[n]{1}+\sqrt[n]{2}+\cdots+\sqrt[n]{2012})$.

解　$\lim\limits_{n\to \infty}(\sqrt[n]{1}+\sqrt[n]{2}+\cdots+\sqrt[n]{2012})$

$$=\lim_{n\to \infty}\sqrt[n]{1}+\lim_{n\to \infty}\sqrt[n]{2}+\cdots+\lim_{n\to \infty}\sqrt[n]{2012}=1+1+\cdots+1=2012.$$

【名师点拨】本题为数列有限项和的极限(2012 项),故用极限的四则运算法则来求解.熟记数列极限常用的结论:① $\lim\limits_{n\to\infty}\sqrt[n]{a}=1$;② $\lim\limits_{n\to\infty}\sqrt[n]{n}=1$,③ $\lim\limits_{n\to\infty}a^n=0(0<a<1)$.

2. 数列求和后再求极限

例 求下列极限

(1) $\lim\limits_{n\to\infty}\left(\dfrac{1}{n^2}+\dfrac{3}{n^2}+\dfrac{5}{n^2}+\cdots+\dfrac{2n-1}{n^2}\right)$;

(2) $\lim\limits_{n\to\infty}\left(1+\dfrac{1}{3}+\dfrac{1}{3^2}+\cdots+\dfrac{1}{3^n}\right)$;

(3) $\lim\limits_{n\to\infty}\left(\dfrac{1}{1\times 2}+\dfrac{1}{2\times 3}+\dfrac{1}{3\times 4}+\cdots+\dfrac{1}{n(n+1)}\right)$.

解 (1) $\lim\limits_{n\to\infty}\left(\dfrac{1}{n^2}+\dfrac{3}{n^2}+\dfrac{5}{n^2}+\cdots+\dfrac{2n-1}{n^2}\right)$ (等差数列求和)

$$=\lim\limits_{n\to\infty}\dfrac{1+3+5+\cdots+(2n-1)}{n^2}=\lim\limits_{n\to\infty}\dfrac{\dfrac{n[1+(2n-1)]}{2}}{n^2}=\lim\limits_{n\to\infty}\dfrac{\dfrac{n\cdot 2n}{2}}{n^2}=1.$$

(2) $\lim\limits_{n\to\infty}\left(1+\dfrac{1}{3}+\dfrac{1}{3^2}+\cdots+\dfrac{1}{3^n}\right)=\lim\limits_{n\to\infty}\dfrac{1-\left(\dfrac{1}{3}\right)^{n+1}}{1-\dfrac{1}{3}}=\dfrac{3}{2}.$ (等比数列求和)

(3) $\lim\limits_{n\to\infty}\left(\dfrac{1}{1\times 2}+\dfrac{1}{2\times 3}+\dfrac{1}{3\times 4}+\cdots+\dfrac{1}{n(n+1)}\right)$ (裂项相消求和)

$$=\lim\limits_{n\to\infty}\left(1-\dfrac{1}{2}+\dfrac{1}{2}-\dfrac{1}{3}+\cdots+\dfrac{1}{n}-\dfrac{1}{n+1}\right)=\lim\limits_{n\to\infty}\left(1-\dfrac{1}{n+1}\right)=1.$$

【名师点拨】求数列的无穷多项和的极限,不能用极限的四则运算法则,一般是先通过等差或等比数列求和公式或者是裂项相消求和的方法把数列的和求出来,然后再求极限.特别指出的是所有数列极限都不能使用洛必达法则.

📖 **真题解析** 📖 ---------------

考点一 直接使用极限的四则运算法则

【真题】 (2021 高数三) $\lim\limits_{n\to\infty}a_n=2,\lim\limits_{n\to\infty}b_n=3$,则 $\lim\limits_{n\to\infty}(3a_n+2b_n)=$ _____.

解 $\lim\limits_{n\to\infty}(3a_n+2b_n)=3\lim\limits_{n\to\infty}a_n+2\lim\limits_{n\to\infty}b_n=6+6=12.$ 故应填 12.

考点二 利用极限的四则运算法则计算"$\dfrac{0}{0}$"型未定式极限

【真题 1】 (2020 高数三) 求极限 $\lim\limits_{x\to 2}\dfrac{x-2}{x^2-3x+2}$.

解　$\lim\limits_{x\to 2}\dfrac{x-2}{x^2-3x+2}=\lim\limits_{x\to 2}\dfrac{x-2}{(x-2)(x-1)}=\lim\limits_{x\to 2}\dfrac{1}{x-1}=1.$

【真题2】（2018 公共课）设 $\lim\limits_{x\to 1}\dfrac{x^3+ax-2}{x^2-1}=2$，求 a 的值.

解　由于 $\lim\limits_{x\to 1}(x^2-1)=0$，所以 $\lim\limits_{x\to 1}(x^3+ax-2)=0$，解得 $a=1$.

考点三　利用极限的四则运算法则计算"$\dfrac{\infty}{\infty}$"型未定式极限

【真题】（2015 经管类，2010 会计）求极限 $\lim\limits_{x\to\infty}\dfrac{(2x-1)^2}{(3x+2)^2}=(\quad)$.

A. $\dfrac{2}{3}$　　　　　B. 0　　　　　C. $\dfrac{4}{9}$　　　　　D. ∞

解　分子分母同除以 x^2，得 $\lim\limits_{x\to\infty}\dfrac{(2x-1)^2}{(3x+2)^2}=\lim\limits_{x\to\infty}\dfrac{\left(2-\dfrac{1}{x}\right)^2}{\left(3+\dfrac{2}{x}\right)^2}=\dfrac{4}{9}.$ 故应选 C.

考点四　利用极限的四则运算法则计算"$\infty-\infty$"型未定式极限

【真题1】（2021 高数三）求极限 $\lim\limits_{x\to 0}\left(\dfrac{x^2+2}{x^2+2x}-\dfrac{1}{x}\right)$.

解　$\lim\limits_{x\to 0}\left(\dfrac{x^2+2}{x^2+2x}-\dfrac{1}{x}\right)=\lim\limits_{x\to 0}\dfrac{x^2+2-x-2}{x(x+2)}=\lim\limits_{x\to 0}\dfrac{x(x-1)}{x(x+2)}=\lim\limits_{x\to 0}\dfrac{x-1}{x+2}=-\dfrac{1}{2}.$

【真题2】（2020 高数一）$\lim\limits_{x\to\infty}\left(\dfrac{x^3+3x^2}{x^2+x+2}-x\right)$.

解　$\lim\limits_{x\to\infty}\left(\dfrac{x^3+3x^2}{x^2+x+2}-x\right)=\lim\limits_{x\to\infty}\dfrac{2x^2-2x}{x^2+x+2}=\lim\limits_{x\to\infty}\dfrac{2-\dfrac{2}{x}}{1+\dfrac{1}{x}+\dfrac{2}{x^2}}=2.$

【真题3】（2017 会计）已知极限 $\lim\limits_{x\to+\infty}\left(\dfrac{x^2}{x+1}-x-a\right)=2$，则常数 a 是（　　）.

A. 1　　　　　B. 2　　　　　C. -2　　　　　D. -3

解　由已知 $\lim\limits_{x\to+\infty}\left(\dfrac{x^2}{x+1}-x-a\right)=\lim\limits_{x\to+\infty}\dfrac{(-1-a)x-a}{x+1}=2$，得 $-1-a=2$，$a=-3$.
故应选 D.

━━━━━━━━━━━━━━━━━━━ 考 纲 解 读 ━━━━━━━━━━━━━━━━━━━

一、最新大纲要求

熟练掌握数列极限和函数极限的四则运算法则.

二、本节方法综述

1. 利用极限的四则运算法则计算"$\dfrac{0}{0}$"型未定式，可以采用约分或者有理化的方法进行化简.

2.若分子分母的极限都为"∞",这种极限为"$\dfrac{\infty}{\infty}$"未定式,此时使用下面的结论:设 $a_0 \neq 0$,
$b_0 \neq 0$,m,n 为自然数,对于分式函数有

$$\lim_{x\to\infty}\frac{a_0 x^n + a_1 x^{n-1} + \cdots + a_n}{b_0 x^m + b_1 x^{m-1} + \cdots + b_m} = \begin{cases} a_0/b_0, & \text{当 } n=m \text{ 时,} \\ 0, & \text{当 } n<m \text{ 时,} \\ \infty, & \text{当 } n>m \text{ 时.} \end{cases}$$

在计算中分子分母同除 x 的最高次幂,俗称"抓大头".

3.利用极限的四则运算法则计算"$\infty - \infty$"型未定式的极限,通常采用通分或分子有理化的化简方法.

4.对含有无理式的"$0 \cdot \infty$"型的极限问题,先进行分子或分母的有理化(即分子分母同乘无理式的共轭式)再对分子、分母同除以 x 的最高次幂,含有无理式的题型通常不使用洛必达法则求解.

第四节 两个重要极限

基本知识

一、第一重要极限 $\lim\limits_{x\to 0}\dfrac{\sin x}{x} = 1$

【注意】(1) 极限 $\lim\limits_{x\to 0}\dfrac{\sin x}{x}=1$ 及其倒数 $\lim\limits_{x\to 0}\dfrac{x}{\sin x}=1$ 可作为公式来运用;

(2) 公式可推广为 $\lim\limits_{\varphi(x)\to 0}\dfrac{\sin[\varphi(x)]}{\varphi(x)}=1$,如 $\lim\limits_{t\to 0}\dfrac{\sin t}{t}=1$,$\lim\limits_{x\to 0}\dfrac{\sin kx}{kx}=1(k\neq 0)$;

(3) 对于"$\dfrac{0}{0}$"型未定式,如果极限式中含有三角函数或反三角函数时,应优先考虑第一重要极限.

二、第二重要极限 $\lim\limits_{x\to\infty}\left(1+\dfrac{1}{x}\right)^x = \mathrm{e}$ 或 $\lim\limits_{x\to 0}(1+x)^{\frac{1}{x}} = \mathrm{e}$

【注意一】该重要极限的本质是 $\lim\limits_{\varphi(x)\to\infty}\left[1+\dfrac{1}{\varphi(x)}\right]^{\varphi(x)}=\mathrm{e}$ 和 $\lim\limits_{\varphi(x)\to 0}[1+\varphi(x)]^{\frac{1}{\varphi(x)}}=\mathrm{e}$.

【注意二】下面情况可以考虑使用第二重要极限:

(1) 函数为"$u(x)^{v(x)}$"型幂指函数;

(2) 极限形式为"1^∞"型未定式;

(3) $u(x)^{v(x)}$ 需要化成标准形式:

$$\lim_{\varphi(x)\to\infty}\left[1+\frac{1}{\varphi(x)}\right]^{\varphi(x)}(\varphi(x)\to\infty) \text{ 或 } \lim_{\varphi(x)\to 0}[1+\varphi(x)]^{\frac{1}{\varphi(x)}}(\varphi(x)\to 0).$$

在凑成标准型的过程中,注意凑的顺序:先凑底数为 $1+\dfrac{1}{\varphi(x)}$,再凑指数为 $\varphi(x)$,与底数中的 $\dfrac{1}{\varphi(x)}$ 互为倒数,且指数在变形中要保持恒等,一般是先乘除后加减,指数中有因式需要

求极限的要单独求.

●------------------------- 📖 考 点 解 读 📖 -------------------------◆

在专升本考试中,本节主要考查有以下几方面的内容:

1.利用第一重要极限求函数极限.

2.利用第二重要极限求函数极限.

考点一　利用第一重要极限求极限

【方法总结】第一重要极限计算极限时需遵循以下原则:

(1)"$\dfrac{0}{0}$"型未定式;

(2)推广形式 $\lim\limits_{\varphi(x)\to 0}\dfrac{\sin[\varphi(x)]}{\varphi(x)}=1$.

例1　求 $\lim\limits_{x\to 0}\dfrac{\arcsin x}{x}$.

解　令 $\arcsin x=t$,则 $x=\sin t$,且 $x\to 0$ 时 $t\to 0$,所以

$$\lim\limits_{x\to 0}\dfrac{\arcsin x}{x}=\lim\limits_{t\to 0}\dfrac{t}{\sin t}=1.$$

【名师点拨】本题在求解时用到了变量代换的思想. 变量代换是整个高等数学中非常重要的思想方法,当计算时遇到的函数形式比较复杂,通常可考虑做变量代换.

例2　求极限 $\lim\limits_{x\to 0}\dfrac{x-\sin 3x}{x+\sin 3x}$.

解　$\lim\limits_{x\to 0}\dfrac{x-\sin 3x}{x+\sin 3x}=\lim\limits_{x\to 0}\dfrac{\dfrac{1}{3}-\dfrac{\sin 3x}{3x}}{\dfrac{1}{3}+\dfrac{\sin 3x}{3x}}=\dfrac{\dfrac{1}{3}-1}{\dfrac{1}{3}+1}=-\dfrac{1}{2}.$

【名师点拨】该极限为"$\dfrac{0}{0}$"型未定式,且分子分母中均含有 $\sin 3x$,故考虑到可以凑成第一重要极限的标准形式 $\lim\limits_{\varphi(x)\to 0}\dfrac{\sin\varphi(x)}{\varphi(x)}=1$,于是分子分母同时除以 $3x$,从而可以利用第一重要极限求解.

考点二　利用第二重要极限求极限

【方法总结】第二重要极限是求极限方法中非常重要的方法之一,也是考试中常考的题型,利用第二重要极限计算极限需遵循以下原则:

(1)幂指函数是"1^{∞}"型未定式;

(2)第二重要极限基本形式为 $\lim\limits_{x\to\infty}(1+\dfrac{1}{x})^{x}=\mathrm{e}$ 或 $\lim\limits_{x\to 0}(1+x)^{\frac{1}{x}}=\mathrm{e}$;

(3) 推广形式为 $\lim\limits_{\varphi(x)\to\infty}\left[1+\dfrac{1}{\varphi(x)}\right]^{\varphi(x)}=\mathrm{e}$.

例 1 求极限 $\lim\limits_{x\to\infty}(1+\dfrac{1}{3x})^x$.

解 函数变形并应用第二重要极限可得

$$\lim_{x\to\infty}(1+\frac{1}{3x})^x=\lim_{x\to\infty}(1+\frac{1}{3x})^{3x\cdot\frac{1}{3}}=\lim_{x\to\infty}\left[(1+\frac{1}{3x})^{3x}\right]^{\frac{1}{3}}=\left[\lim_{x\to\infty}(1+\frac{1}{3x})^{3x}\right]^{\frac{1}{3}}=\mathrm{e}^{\frac{1}{3}}.$$

【名师点拨】该极限问题中的函数是幂指函数,且极限形式为"1^∞"型,故可利用第二重要极限来求解. 先化成第二重要极限的形式:$\lim\limits_{\varphi(x)\to\infty}\left[1+\dfrac{1}{\varphi(x)}\right]^{\varphi(x)}=\mathrm{e}$,结合使用极限的运算法则 $\lim[f(x)]^n=[\lim f(x)]^n$,进而求解.

例 2 若 $\lim\limits_{x\to\infty}\left(\dfrac{x+a}{x-a}\right)^x=\mathrm{e}$,试求常数 a.

解 由于 $\lim\limits_{x\to\infty}\left(\dfrac{x+a}{x-a}\right)^x=\lim\limits_{x\to\infty}\left(1+\dfrac{2a}{x-a}\right)^{\frac{x-a}{2a}\cdot\frac{2ax}{x-a}}=\left[\lim\limits_{x\to\infty}\left(1+\dfrac{2a}{x-a}\right)^{\frac{x-a}{2a}}\right]^{\lim\limits_{x\to\infty}\frac{2ax}{x-a}}=\mathrm{e}^{2a}=\mathrm{e}$,

故 $2a=1,a=\dfrac{1}{2}$.

【名师点拨】化成第二重要极限标准形式的顺序:先凑底数 $1+\dfrac{1}{\varphi(x)}$,再凑指数 $\varphi(x)$ 与底数中的 $\dfrac{1}{\varphi(x)}$ 互为倒数,指数变形一般是先乘除后加减.

📖 **真题解析** 📖

考点一　利用第一重要极限求极限

【真题 1】(2021 高数三) 已知 $\lim\limits_{x\to0}\dfrac{\sin ax}{2x}=1$,则 $a=(\quad)$.

A. 0　　　　　　B. 1　　　　　　C. 2　　　　　　D. 3

解法一 由于 $\lim\limits_{x\to0}\dfrac{\sin ax}{2x}=\dfrac{a}{2}\lim\limits_{x\to0}\dfrac{\sin ax}{ax}=\dfrac{a}{2}=1$,所以 $a=2$.

解法二 因为 $\lim\limits_{x\to0}\dfrac{\sin ax}{2x}=\lim\limits_{x\to0}\dfrac{ax}{2x}=\dfrac{a}{2}=1$,所以 $a=2$.

故应选 C.

【名师点拨】解法一是利用第一重要极限计算函数极限;解法二是利用等价无穷小的替换计算极限.

【真题2】（2017 **会计**）极限 $\lim\limits_{x\to 0}\dfrac{\sin(\pi+x)-\sin(\pi-x)}{x}=$（　　）.

A. -1　　　　　　B. -2　　　　　　C. 1　　　　　　D. 0

解　对分子上利用三角函数的恒等变形可得

$$\lim\limits_{x\to 0}\frac{\sin(\pi+x)-\sin(\pi-x)}{x}=\lim\limits_{x\to 0}\frac{-\sin x-\sin x}{x}=-2\lim\limits_{x\to 0}\frac{\sin x}{x}=-2.$$

故应选 B.

考点二　利用第二重要极限求极限

【真题1】（2020 **高数三**）极限 $\lim\limits_{x\to 0}(1-2x)^{\frac{1}{x}}=$ _____.

解　$\lim\limits_{x\to 0}(1-2x)^{\frac{1}{x}}=\lim\limits_{x\to 0}\left[(1-2x)^{-\frac{1}{2x}}\right]^{-2}=\mathrm{e}^{-2}.$ 故应填 $\mathrm{e}^{-2}.$

【真题2】（2021 **高数二**）已知 $\lim\limits_{x\to\infty}\left(\dfrac{x-a}{x}\right)^{x}=2$，则 $a=$ _____.

解　$\lim\limits_{x\to\infty}\left(\dfrac{x-a}{x}\right)^{x}=\lim\limits_{x\to\infty}\left(1-\dfrac{a}{x}\right)^{x}=\lim\limits_{x\to\infty}\left(1+\dfrac{-a}{x}\right)^{(-\frac{x}{a})\cdot(-a)}=\mathrm{e}^{-a}=2,$

故　$-a=\ln 2,a=-\ln 2.$ 故应填 $-\ln 2.$

【名师点拨】在客观题中使用结论 $\lim\limits_{x\to\infty}\left(1+\dfrac{a}{x}\right)^{bx+c}=\mathrm{e}^{ab}$，将会起到事半功倍的效果.

【真题3】（2021 **高数一**）求极限 $\lim\limits_{x\to\infty}\left(\dfrac{x+3}{x+1}\right)^{x}.$

解　$\lim\limits_{x\to\infty}\left(\dfrac{x+3}{x+1}\right)^{x}=\lim\limits_{x\to\infty}\left[\left(1+\dfrac{2}{x+1}\right)^{\frac{x+1}{2}}\right]^{\frac{2x}{x+1}}=\left[\lim\limits_{x\to\infty}\left(1+\dfrac{2}{x+1}\right)^{\frac{x+1}{2}}\right]^{\lim\limits_{x\to\infty}\frac{2x}{x+1}}=\mathrm{e}^{2}.$

📖 考纲解读 📖

一、最新大纲要求

熟练掌握两个重要极限 $\lim\limits_{x\to 0}\dfrac{\sin x}{x}=1$ 和 $\lim\limits_{x\to\infty}\left(1+\dfrac{1}{x}\right)^{x}=\mathrm{e}$，并会用它们求函数的极限.

二、本节方法综述

1 对于"$\dfrac{0}{0}$"型未定式，如果极限式中含有三角函数或反三角函数时，应优先考虑第一重要

极限. 公式可推广为 $\lim\limits_{\varphi(x)\to 0}\dfrac{\sin[\varphi(x)]}{\varphi(x)}=1$，如 $\lim\limits_{t\to 0}\dfrac{\sin t}{t}=1,\lim\limits_{x\to 0}\dfrac{\sin kx}{kx}=1(k\neq 0).$

2. 在自变量的某种变化趋势下，幂指函数 $u(x)^{v(x)}$ 求极限时，要分以下两种情形：

(1) 若 $\lim u(x)=A,\lim v(x)=B,(A,B$ 为不同时等于 0 的常数) 则 $\lim u(x)^{v(x)}=A^{B}.$

(2) 若极限形式为"1^{∞}"型未定式，则可以考虑使用第二重要极限. 其中 $u(x)^{v(x)}$ 需要化

成标准形式：$\lim\limits_{\varphi(x)\to\infty}\left[1+\dfrac{1}{\varphi(x)}\right]^{\varphi(x)}(\varphi(x)\to\infty)$ 或 $\lim\limits_{\varphi(x)\to 0}\left[1+\varphi(x)\right]^{\frac{1}{\varphi(x)}}(\varphi(x)\to 0).$

在凑成标准型的过程中,注意凑的顺序:先凑底数为 $1+\dfrac{1}{\varphi(x)}$,再凑指数为 $\varphi(x)$,与底数中的 $\dfrac{1}{\varphi(x)}$ 互为倒数,且指数在变形中要保持恒等,一般是先乘除后加减,指数中有因式需要求极限的要单独求.

第五节 无穷小与无穷大 无穷小的比较

━━━━━━━━━━━━━━━ 📖 基本知识 📖 ━━━━━━━━━━━━━━━

一、无穷小量

1. 无穷小的概念

定义 1.5.1 在自变量某一变化过程中,变量 X 的极限为 0,则称 X 为自变量在此变化过程中的**无穷小量**(简称**无穷小**),记作:$\lim X = 0$,自变量的变化趋势可表示为 $n \to \infty, x \to x_0$,(或 $x \to x_0^+, x \to x_0^-$),$x \to \infty$(或 $x \to +\infty, x \to -\infty$)等.

例如,因为 $\lim\limits_{n \to \infty}(\dfrac{1}{2})^n = 0$,所以数列 $\left[(\dfrac{1}{2})^n\right]$ 是当 $n \to \infty$ 时的无穷小;因为 $\lim\limits_{x \to 1}(x-1) = 0$,所以函数 $(x-1)$ 是 $x \to 1$ 时的无穷小.

【注意】(1) 无穷小量是在某一过程中,以零为极限的变量,而不是绝对值很小的数.0 是唯一可以作为无穷小量的数.

(2) 无穷小量与自变量的变化趋势有关.例如 $\lim\limits_{x \to \infty}\dfrac{1}{x} = 0$,当 $x \to \infty$ 时,$\dfrac{1}{x}$ 为无穷小量;但是 $\lim\limits_{x \to 1}\dfrac{1}{x} = 1 \neq 0$,所以 $x \to 1$ 时,$\dfrac{1}{x}$ 不是无穷小量.

下面的定理说明函数极限存在与无穷小之间的关系:

定理 1.5.1 当 $x \to x_0$ 时,函数 $f(x)$ 以 A 为极限的充分必要条件是 $f(x) = A + \alpha$,其中 $\alpha = \alpha(x)$ 是 $x \to x_0$ 的无穷小,即 $\lim\limits_{x \to x_0}\alpha(x) = 0$.

自变量在其他变化趋势下定理 1.5.1 仍成立.

例如,因为 $\dfrac{1+x^3}{2x^3} = \dfrac{1}{2} + \dfrac{1}{2x^3}$,而 $\lim\limits_{x \to \infty}\dfrac{1}{2x^3} = 0$,所以 $\lim\limits_{x \to \infty}\dfrac{1+x^3}{2x^3} = \dfrac{1}{2}$.

如果 $\lim\limits_{x \to 1}f(x) = 4$,则 $f(x) = 4 + \alpha$,其中 $\lim\limits_{x \to 1}\alpha = 0$.这就把函数的极限运算问题化为常数与无穷小的代数运算.

2. 无穷小的性质

对同一变化过程中的无穷小,有下列性质:

性质 1 有限个无穷小的代数和是无穷小.

性质 2 有限个无穷小的乘积是无穷小.

性质 3 有界变量与无穷小的乘积仍是无穷小.

推论 常数与无穷小的乘积是无穷小.

注 (1) 无穷多个无穷小的代数和不一定是无穷小. 比如极限 $\lim\limits_{n\to\infty}(\underbrace{\dfrac{1}{n}+\dfrac{1}{n}+\cdots+\dfrac{1}{n}}_{n项})$ 的和

式中每一项均为无穷小,且有无限多项,但该极限 $\lim\limits_{n\to\infty}(\underbrace{\dfrac{1}{n}+\dfrac{1}{n}+\cdots+\dfrac{1}{n}}_{n项})=1$;

(2) 两个无穷小的商的极限没有确定的结果,针对这类问题要具体情况具体分析,比如,

$$\lim_{x\to0}\frac{x^2}{\sin x}=0,\lim_{x\to0}\frac{\sin x}{2x}=\frac{1}{2}.$$

二、无穷大量

定义 1.5.2   在自变量某一变化过程中,变量 X 的绝对值 $|X|$ 无限增大,则称 X 为自变量在此变化过程中的**无穷大量**(简称**无穷大**),记作:$\lim X=\infty$,自变量的变化趋势可表示为 $n\to\infty$,$x\to x_0$,(或 $x\to x_0^+$,$x\to x_0^-$),$x\to\infty$(或 $x\to+\infty$,$x\to-\infty$)等.

例如,因为 $\lim\limits_{n\to\infty}e^n=+\infty$,所以数列 e^n 是当 $n\to\infty$ 时的无穷大;因为 $\lim\limits_{x\to1}\dfrac{1}{x-1}=\infty$,所以函

数 $\dfrac{1}{x-1}$ 是 $x\to1$ 时的无穷大;因为 $\lim\limits_{x\to\frac{\pi}{2}}\tan x=\infty$,所以函数 $\tan x$ 是 $x\to\dfrac{\pi}{2}$ 时的无穷大. 如图

1.5.1 所示.

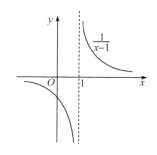 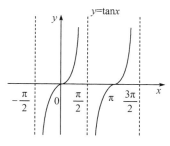

图 1.5.1

【注意】(1) 这里 $\lim X=\infty$ 只是沿用了极限符号,并不意味着变量 X 存在极限.

(2) 无穷大是指绝对值可以任意变大的变量,不是数,切不可与绝对值很大的数(如 10^{100},10^{1000} 等)混为一谈,没有任何一个常数可以作为无穷大.

(3) 与无穷小一样,无穷大量与自变量的变化趋势也有关.

定义 1.5.3   如果当 $x\to x_0$ 时,$f(x)$ 只取正值且无限变大(或只取负值而绝对值无限变大),那么称 $f(x)$ 为**正无穷大量**(或**负无穷大量**),记作

$$\lim_{x\to x_0}f(x)=+\infty(或\lim_{x\to x_0}f(x)=-\infty).$$

例如,$\lim\limits_{x\to0^+}\cot x=+\infty$,$\lim\limits_{x\to0^-}\cot x=-\infty$. 如图 1.5.2 所示。

图 1.5.2

【注意】(1) 无穷大与无穷小不同的是,在自变量的同一变化过程中,两个无穷大的和、差、商以及有界函数与无穷大的乘积没有确定的结果,针对这类问题要具体情况具体分析,如:

① 虽然 $\lim\limits_{n\to\infty}n=+\infty$,$\lim\limits_{n\to\infty}(-n)=-\infty$,但是 $\lim\limits_{n\to\infty}[n+(-n)]=0$;

② 虽然 $\lim\limits_{x\to 1}\dfrac{1}{x-1}=\infty$，$\lim\limits_{x\to 1}\dfrac{3}{x^3-1}=\infty$，但是 $\lim\limits_{x\to 1}(\dfrac{1}{x-1}-\dfrac{3}{x^3-1})=1$；

③ 虽然 $\lim\limits_{x\to\infty}(x^3+x^2+2)=\infty$，$\lim\limits_{x\to\infty}(3x^3+1)=\infty$，但是 $\lim\limits_{x\to\infty}\dfrac{x^3+x^2+2}{3x^3+1}=\dfrac{1}{3}$；

④ 虽然 $\lim\limits_{x\to 0}\dfrac{1}{x^2}=\infty$，$\sin\dfrac{1}{x}$ 为有界函数，但是函数 $\dfrac{1}{x^2}\sin\dfrac{1}{x}$，当 $x_k=\dfrac{1}{2k\pi}$ 时，

$f(x_k)=(2k\pi)^2\sin(2k\pi)=0$，故当 $x\to 0$ 时，$\dfrac{1}{x^2}\sin\dfrac{1}{x}$ 不是无穷大.

（2）无穷大量一定是无界的变量，但无界的变量不一定是无穷大量.

三、无穷大量与无穷小量的关系

定理 1.5.2 在自变量同一变化过程中：

（1）如果变量 X 为无穷大，那么 $\dfrac{1}{X}$ 为无穷小；

（2）如果变量 X 为无穷小且 $X\neq 0$，则 $\dfrac{1}{X}$ 为无穷大.

例如：要计算极限 $\lim\limits_{x\to 1}\dfrac{x^2+1}{x^2-1}$，因为 $\lim\limits_{x\to 1}\dfrac{x^2-1}{x^2+1}=0$，所以由定理 1.5.2 知，$\lim\limits_{x\to 1}\dfrac{x^2+1}{x^2-1}=\infty$.

【注意】以后遇到类似的题目，可直接写出结果.

四、无穷小的比较

定义 1.5.4 设 α,β 是自变量在同一变化过程中的两个无穷小，且 $\alpha\neq 0$，

（1）如果 $\lim\dfrac{\beta}{\alpha}=0$，则称 β 是比 α **高阶的无穷小**，记作 $\beta=o(\alpha)$.

（2）如果 $\lim\dfrac{\beta}{\alpha}=\infty$，则称 β 是比 α **低阶的无穷小**.

（3）如果 $\lim\dfrac{\beta}{\alpha}=c\,(c\neq 0)$，则称 β 与 α 是**同阶的无穷小**.

特别地，当 $c=1$，即 $\lim\dfrac{\beta}{\alpha}=1$，则称 β 与 α 是**等价的无穷小**，记作 $\beta\sim\alpha$.

显然，等价无穷小具有自反性和传递性.

例如，因为 $\lim\limits_{x\to 0}\dfrac{x^3}{2x}=0$，所以当 $x\to 0$ 时，有 $x^3=o(2x)$；

因为 $\lim\limits_{x\to 0}\dfrac{2x}{x^3}=+\infty$，所以当 $x\to 0$ 时，有 $2x$ 是比 x^3 低阶的无穷小；

因为 $\lim\limits_{x\to 0}\dfrac{\sin x}{x}=1$，所以当 $x\to 0$ 时，$\sin x\sim x$；

因为 $\lim\limits_{n\to\infty}\dfrac{\dfrac{1}{n}-\dfrac{1}{n+1}}{\dfrac{1}{n^2}}=\lim\limits_{n\to\infty}\dfrac{\dfrac{1}{n(n+1)}}{\dfrac{1}{n^2}}=\lim\limits_{n\to\infty}\dfrac{n^2}{n(n+1)}=1$，所以当 $n\to\infty$ 时，$\dfrac{1}{n}-\dfrac{1}{n+1}\sim\dfrac{1}{n^2}$.

【注意】并非任何两个无穷小都能进行比较. 例如，当 $x\to 0$ 时，由于 $\sin\dfrac{1}{x}$ 是有界变量，可

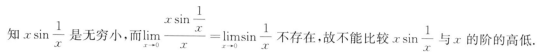

知 $x\sin\dfrac{1}{x}$ 是无穷小,而 $\lim\limits_{x\to 0}\dfrac{x\sin\dfrac{1}{x}}{x}=\lim\limits_{x\to 0}\sin\dfrac{1}{x}$ 不存在,故不能比较 $x\sin\dfrac{1}{x}$ 与 x 的阶的高低.

五、等价无穷小的替换

定理 1.5.3　在自变量的同一变化过程中,若 $\alpha,\alpha',\beta,\beta'$ 都是无穷小,且 $\alpha\sim\alpha',\beta\sim\beta'$,如果 $\lim\dfrac{\beta'}{\alpha'}$ 存在,那么

$$\lim\frac{\beta}{\alpha}=\lim\frac{\beta'}{\alpha'}.$$

【注意】(1) 定理 1.5.3 说明在求极限的过程中,可以把积或商中的无穷小用与之等价的无穷小替换,从而达到简化运算的目的.但须注意,在加减运算中一般不能使用等价无穷小替换.

(2) 当 $x\to 0$ 时,常用的等价无穷小有:

$\sin x\sim x,\arcsin x\sim x,\tan x\sim x,\arctan x\sim x,\ln(1+x)\sim x,\mathrm{e}^x-1\sim x,1-\cos x\sim\dfrac{1}{2}x^2,$

$(1+x)^\alpha-1\sim\alpha x\,(\alpha\neq 0,\text{且为常数}).$

上述常用的等价无穷小中,变量 x 换成无穷小函数 $\varphi(x)$ 或无穷小数列 $\{x_n\}$,结论仍然成立.比如

当 $\varphi(x)\to 0$ 时, $\sin\varphi(x)\sim\varphi(x),\ln[1+\varphi(x)]\sim\varphi(x),[1+\varphi(x)]^\alpha-1\sim\alpha\varphi(x).$

------------------------------- 📖 考点解读 📖 -------------------------------

在专升本考试中,本节主要考查以下几方面的内容:

1. 无穷小、无穷大的定义.

2. 无穷小的性质.

3. 无穷小与无穷大的关系.

4. 无穷小的比较.

5. 等价无穷小替换定理.

考点一　无穷小、无穷大的定义

【方法归纳】本部分内容在考试中经常以客观题的形式来考查,在学习过程中需理解无穷小与无穷大的定义,理清无穷小、无穷大与有界、无界之间的关系,为此做如下梳理归纳:

(1) 无穷小量和无穷大量都指的是变量,而不是数;

(2) 无穷小与无穷大指的是变量的绝对值无限小与无限大;

(3) 在自变量的变化趋势下讨论无穷小、无穷大才有意义;

(4) 无穷小量必有界,无穷大量必无界,无界的变量不一定是无穷大量.

例 1　下列命题中正确的是(　　).

A. 无穷小量是个绝对值非常小的数　　　　　B. 无穷大量是个绝对值非常大的数

C. 无穷小量的倒数是无穷大量　　　　　　　D. 无穷大量的倒数是无穷小量

解　由无穷小量与无穷大量的定义容易判断选项 A、B 错误;

由无穷小与无穷大的倒数关系容易判断对选项 C 错误,而选项 D 是正确的.故应选 D.

例 2 当 $x \to 0$ 时,变量 $\dfrac{1}{x^2}\sin\dfrac{1}{x}$ 是( ).

A. 无穷小量   B. 无穷大量

C. 有界的,但不是无穷小量   D. 无界的,但不是无穷大量

解 显然 $x \to 0$ 时,$\dfrac{1}{x^2}\sin\dfrac{1}{x}$ 不是无穷小量,故 A 错误;

取 $x_k = \dfrac{1}{2k\pi}$,则 $f(x_k) = (2k\pi)^2 \sin(2k\pi) = 0$. 故 $x \to 0$ 时,$f(x)$ 不是无穷大,故 B 错误.

取 $x_k = \dfrac{1}{2k\pi + \dfrac{\pi}{2}}$,则 $f(x_k) = \left(2k\pi + \dfrac{\pi}{2}\right)^2 \sin\left(2k\pi + \dfrac{\pi}{2}\right) \to \infty$,显然 $\dfrac{1}{x^2}\sin\dfrac{1}{x}$ 无界,故 C 错

误. 故应选 D.

考点二 无穷小与无穷大的关系

【方法归纳】 在自变量的同一变化过程中,若 $f(x)$ 为无穷大,则 $\dfrac{1}{f(x)}$ 为无穷小;反之,若

$f(x)$ 为无穷小,且 $f(x) \neq 0$,则 $\dfrac{1}{f(x)}$ 为无穷大.

例 若 $\lim\limits_{x \to x_0} f(x) = \infty$,$\lim\limits_{x \to x_0} g(x) = \infty$,下列极限正确的是( ).

A. $\lim\limits_{x \to x_0} [f(x) + g(x)] = \infty$ B. $\lim\limits_{x \to x_0} [f(x) - g(x)] = 0$

C. $\lim\limits_{x \to x_0} \dfrac{1}{f(x) + g(x)} = 0$ D. $\lim\limits_{x \to x_0} kf(x) = \infty$ （k 为非零常数）

解 设 $f(x) = \dfrac{1}{x}$,$g(x) = 2 - \dfrac{1}{x}$,则 $\lim\limits_{x \to 0} f(x) = \lim\limits_{x \to 0} \dfrac{1}{x} = \infty$,$\lim\limits_{x \to 0} g(x) = \lim\limits_{x \to 0} \left(2 - \dfrac{1}{x}\right) = \infty$.

而 $\lim\limits_{x \to 0} [f(x) + g(x)] = \lim\limits_{x \to 0} 2 = 2$,当 $x \to 0$ 时,虽然 $f(x)$ 与 $g(x)$ 均为无穷大量,但是

$f(x) + g(x)$ 不为无穷大量,所以选项 A 不正确,故选项 C 也不正确.

设 $f(x) = \dfrac{1}{x}$,$g(x) = 2 + \dfrac{1}{x}$,$f(x) - g(x) = -2$,则有 $\lim\limits_{x \to 0} [f(x) - g(x)] = -2 \neq 0$,故 B

错误. 故应选 D.

考点三　利用无穷小的性质求极限

【方法归纳】无穷小量具有下列性质：

(1) 有限多个无穷小量之和仍是无穷小量；

(2) 有限多个无穷小量之积仍是无穷小量；

(3) 有界变量与无穷小量之积仍为无穷小量.

当遇到形式为 $\lim f(x) \cdot g(x)$，其中 $\lim f(x)$ 不存在但 $f(x)$ 为有界变量时，又 $\lim g(x) = 0$，用有界变量与无穷小的乘积仍为无穷小这一性质计算该极限，不能用乘积的极限运算法则.

例　下列等式中正确的是(　　).

A. $\lim\limits_{x \to \infty} \dfrac{\sin x}{x} = 1$　　　B. $\lim\limits_{x \to \infty} x \sin \dfrac{1}{x} = 1$　　　C. $\lim\limits_{x \to 0} x \sin \dfrac{1}{x} = 1$　　　D. $\lim\limits_{x \to 0} \dfrac{\sin \frac{1}{x}}{x} = 1$

解　选项 B 可用第一重要极限求解，

当 $x \to \infty$ 时，$\dfrac{1}{x} \to 0, \sin \dfrac{1}{x} \to 0, \lim\limits_{x \to \infty} x \sin \dfrac{1}{x} = \lim\limits_{x \to \infty} \dfrac{\sin \frac{1}{x}}{\frac{1}{x}} = 1.$

A 和 C 选项相同，都为无穷小与有界变量乘积仍为无穷小；故函数的极限为零，D 极限不存在. 故应选 B.

【名师点拨】注意区分第一重要极限和无穷小与有界量的乘积仍为无穷小的应用.

考点四　无穷小的比较

【方法归纳】无穷小指的是极限等于零，所以没有大小之分，只有趋于零的速度有快慢之分，无穷小比较本质上是计算 "$\dfrac{0}{0}$" 型的未定式极限，即计算两个无穷小量商的极限值，然后用下面的定义来判断两个无穷小量的阶.

如果 $\lim \dfrac{\beta}{\alpha} = 0$，则 β 是比 α 高阶的无穷小，记作 $\beta = o(\alpha)$；

如果 $\lim \dfrac{\beta}{\alpha} = \infty$，则 β 是比 α 低的无穷小；

如果 $\lim \dfrac{\beta}{\alpha} = c \neq 0$，则称 β 与 α 是同阶的无穷小，记作 $\beta = O(\alpha)$；

如果 $\lim \dfrac{\beta}{\alpha} = 1$，则称 β 与 α 是等价无穷小，记作 $\beta \sim \alpha$.

例1　当 $x \to 0$ 时，下列变量与 x 为等价无穷小量的是(　　).

A. $\dfrac{\sin \sqrt{x}}{\sqrt{x}}$　　　　　B. $\dfrac{\sin x}{x}$　　　　　C. $x \sin \dfrac{1}{x}$　　　　　D. $\ln(1+x)$

解　由第一重要极限知，$\lim\limits_{x \to 0} \dfrac{\sin \sqrt{x}}{\sqrt{x}} = 1, \lim\limits_{x \to 0} \dfrac{\sin x}{x} = 1$，故应排除 A、B；

因为 $\lim\limits_{x \to 0} \dfrac{x\sin\frac{1}{x}}{x} = \lim\limits_{x \to 0}\sin\frac{1}{x}$ 不存在, 故应排除C; 由基本等价关系知, 当 $x \to 0$ 时,

$\ln(1+x) \sim x$. 故应选 D.

例 2 当 $x \to 1$ 时, $f(x) = \dfrac{1-x}{1+x}$ 与 $g(x) = 1-\sqrt{x}$ 比较, 会得出什么样的结论?

解 $\lim\limits_{x \to 1} \dfrac{f(x)}{g(x)} = \lim\limits_{x \to 1} \dfrac{\frac{1-x}{1+x}}{1-\sqrt{x}} = \lim\limits_{x \to 1} \dfrac{1+\sqrt{x}}{1+x} = 1$, 故当 $x \to 1$ 时 $f(x) = \dfrac{1-x}{1+x}$ 与 $g(x) = 1-\sqrt{x}$

是等价无穷小.

例 3 设 $x \to 0$ 时, $\ln(1+x^k)$ 与 $x + \sqrt[3]{x}$ 为等价无穷小, 求 k 的值.

解 由已知条件可得 $\lim\limits_{x \to 0} \dfrac{\ln(1+x^k)}{x+\sqrt[3]{x}} = 1$, 且 $x \to 0$ 时, $\ln(1+x^k) \sim x^k$,

则 $\lim\limits_{x \to 0} \dfrac{\ln(1+x^k)}{x+\sqrt[3]{x}} = \lim\limits_{x \to 0} \dfrac{x^k}{x+\sqrt[3]{x}} = \lim\limits_{x \to 0} \dfrac{x^{k-\frac{1}{3}}}{x^{\frac{2}{3}}+1} = \lim\limits_{x \to 0} x^{k-\frac{1}{3}} = 1$, 当且仅当 $k - \dfrac{1}{3} = 0$ 时成立,

即 $k = \dfrac{1}{3}$.

例 4 若 $x \to 0$ 时, $(1-ax^2)^{\frac{1}{4}} - 1$ 与 $x\sin x$ 是等价无穷小, 则 $a = \underline{\hspace{2cm}}$.

解 当 $x \to 0$ 时, $(1-ax^2)^{\frac{1}{4}} - 1 \sim -\dfrac{1}{4}ax^2$, $x\sin x \sim x^2$, 于是, 根据题意设有

$\lim\limits_{x \to 0} \dfrac{(1-ax^2)^{\frac{1}{4}} - 1}{x\sin x} = \lim\limits_{x \to 0} \dfrac{-\frac{1}{4}ax^2}{x^2} = -\dfrac{1}{4}a = 1$, 所以 $a = -4$. 故应填 -4.

考点五 利用等价无穷小替换定理求极限

【方法归纳】 等价无穷小的替换往往和计算极限的其他方法综合使用, 特别是在计算"$\dfrac{0}{0}$"

型的未定式极限时, 常用等价无穷小的替换化简, 对初学者来讲, 需要先熟练掌握下面的基本

知识:

1. 当 $x \to 0$ 时, 常用的等价无穷小有:

$\sin x \sim x$, $\arcsin x \sim x$, $\tan x \sim x$, $\arctan x \sim x$, $\ln(1+x) \sim x$, $e^x - 1 \sim x$, $1-\cos x \sim \dfrac{1}{2}x^2$,

$(1+x)^\alpha - 1 \sim \alpha x \ (\alpha \neq 0,$ 且为常数$)$.

2. 上述常用的等价无穷小中, 变量 x 换成无穷小函数 $\varphi(x)$ 或无穷小数列 $\{x_n\}$, 结论仍

然成立. 比如当 $\varphi(x) \to 0$ 时, $\sin\varphi(x) \sim \varphi(x)$, $\ln[1+\varphi(x)] \sim \varphi(x)$, $[1+\varphi(x)]^\alpha - 1$

$\sim \alpha\varphi(x)$.

3. 在等价无穷小的替换过程中, 通常在乘、除因式情形下才能替换.

例1 求 $\lim\limits_{x\to0}\dfrac{\sin2x}{\tan5x}$.

解 因为 $x\to0$ 时, $\sin2x\sim2x$, $\tan5x\sim5x$, 所以

$$\lim\limits_{x\to0}\frac{\sin2x}{\tan5x}=\lim\limits_{x\to0}\frac{2x}{5x}=\frac{2}{5}.$$

例2 求极限 $\lim\limits_{n\to\infty}2^n\sin\dfrac{x}{2^n}(x\neq0)$.

解法一 由等价无穷小量替换, 得 $\lim\limits_{n\to\infty}2^n\sin\dfrac{x}{2^n}=\lim\limits_{n\to\infty}2^n\cdot\dfrac{x}{2^n}=x.$

解法二 化为 "$\dfrac{0}{0}$" 型, 由第一重要极限得 $\lim\limits_{n\to\infty}2^n\sin\dfrac{x}{2^n}=\lim\limits_{n\to\infty}\dfrac{\sin\dfrac{x}{2^n}}{\dfrac{x}{2^n}}\cdot x=x.$

真题解析

考点一 无穷小、无穷大的定义

【真题1】 (2021 高数三) 当 $x\to0$ 时, 以下函数是无穷小量的是( ).

A. $1-\sqrt[3]{x}$ B. $1-e^x$ C. $1-\sin x$ D. $1-\tan x$

解 因为 $\lim\limits_{x\to0}(1-\sqrt[3]{x})=1$, $\lim\limits_{x\to0}(1-e^x)=0$, $\lim\limits_{x\to0}(1-\sin x)=1$, $\lim\limits_{x\to0}(1-\tan x)=1$. 故应选 B.

【真题2】 (2020 高数三) 当 $x\to0$ 时, 以下函数是无穷小量的是 _____.

A. e^x B. $x+1$ C. $\sin x$ D. $\cos x$

解 因为 $\lim\limits_{x\to0}\sin x=0$, 而选项 A,B,D 中极限等于1. 故应选 C.

【名师点拨】 本类题型直接考查无穷小的定义.

考点二 利用无穷小的性质求极限

【真题1】 (2018 电子信息、建筑、机械) 求极限 $\lim\limits_{x\to\infty}\dfrac{\sin x}{x}$.

解 $\lim\limits_{x\to\infty}\dfrac{\sin x}{x}=\lim\limits_{x\to\infty}\dfrac{1}{x}\sin x$, 因为 $\lim\limits_{x\to\infty}\dfrac{1}{x}=0$, $|\sin x|\leqslant1$, 所以 $\lim\limits_{x\to\infty}\dfrac{\sin x}{x}=0$.

【真题2】 (2017 工商) 求极限 $\lim\limits_{x\to\infty}\dfrac{2x-\sin x}{x+\sin x}$.

解 $\lim\limits_{x\to\infty}\dfrac{2x-\sin x}{x+\sin x}=\lim\limits_{x\to\infty}\dfrac{2-\dfrac{\sin x}{x}}{1+\dfrac{\sin x}{x}}=\dfrac{2-0}{1+0}=2.$

【名师点拨】本题不能使用洛必达法则,不满足洛必达法则的第三个条件.

考点三　无穷小的比较

【真题1】(2019财经类)已知当 $x \to 0$ 时,$(1+ax^2)^{\frac{1}{3}}-1$ 与 $1-\cos x$ 是等价无穷小,则常数 $a = \underline{\hspace{2cm}}$.

解　当 $x \to 0$ 时,$(1+ax^2)^{\frac{1}{3}}-1 \sim \frac{1}{3}ax^2$,$1-\cos x \sim \frac{1}{2}x^2$,

于是根据题设有　$\lim\limits_{x \to 0} \dfrac{(1+ax^2)^{\frac{1}{3}}-1}{1-\cos x} = \lim\limits_{x \to 0} \dfrac{\frac{1}{3}ax^2}{\frac{1}{2}x^2} = \dfrac{2}{3}a = 1$,即 $a = \dfrac{3}{2}$.

故应填 $\dfrac{3}{2}$.

【真题2】(2014机械,2012会计)当 $x \to 0$ 时,$x^2 \sin \dfrac{1}{x}$ 是(　　).

A. 与 x 等价无穷小　　　　　　　　　　B. x 的低阶无穷小

C. 与 x 同价无穷小　　　　　　　　　　D. x 的高阶无穷小

解　因为 $\lim\limits_{x \to 0} \dfrac{x^2 \sin \dfrac{1}{x}}{x} = \lim\limits_{x \to 0} x \sin \dfrac{1}{x} = 0$,所以 $x^2 \sin \dfrac{1}{x}$ 是 x 的高阶无穷小,故应选 D.

考点四　利用等价无穷小替换定理求极限

【真题1】(2019财经)$\lim\limits_{x \to 0} \dfrac{\ln(1-2x)}{\sin 3x} = \underline{\hspace{2cm}}$.

解　使用等价无穷小替换,当 $x \to 0$ 时,$\ln(1-2x) \sim -2x$,$\sin 3x \sim 3x$,

所以 $\lim\limits_{x \to 0} \dfrac{\ln(1-2x)}{\sin 3x} = \lim\limits_{x \to 0} \dfrac{-2x}{3x} = -\dfrac{2}{3}$.故应填 $-\dfrac{2}{3}$.

【真题2】(2018财经)$\lim\limits_{x \to 0} \dfrac{x^2 \sin \dfrac{1}{x}}{\tan x}$ _____.

解　$\lim\limits_{x \to 0} \dfrac{x^2 \sin \dfrac{1}{x}}{\tan x} = \lim\limits_{x \to 0} \dfrac{x^2 \sin \dfrac{1}{x}}{x} = \lim\limits_{x \to 0} x \sin \dfrac{1}{x} = 0$.故应填 0.

【名师点拨】当 $x \to 0$ 时,函数 $x \sin \dfrac{1}{x}$ 求极限利用了无穷小量 x 与有界变量 $\sin \dfrac{1}{x}$ 的乘积仍是无穷小的性质.

------------------------------ ◆ 考 纲 解 读 ◆ ------------------------------

一、最新大纲要求

1. 理解无穷小量、无穷大量的概念.

2. 掌握无穷小量的性质、无穷小量与无穷大量的关系.

3. 会比较无穷小量的阶(高阶、低阶、同阶和等价).

二、本节方法综述

1. 无穷小量是在某一过程中,以零为极限的变量,而不是绝对值很小的数. 0 是唯一可以作为无穷小量的数.

2. 无穷小量与自变量的变化趋势有关.

3. 有限个无穷小的代数和是无穷小.

4. 有限个无穷小的乘积是无穷小.

5. 有界变量与无穷小的乘积是无穷小.

6. 无穷大量指的是在自变量某一变化过程中,变量 x 的绝对值 $|x|$ 一直在无限增大.

7. 无穷大量与无穷小量(0 除外)互为倒数关系.

8. 并非任何两个无穷小都能进行比较.

9. 乘、除因式情形下方可直接用其等价无穷小替换.

10. 无穷大量一定是无界的,无界变量不一定是无穷大量.

第六节　　函数的连续性

------------------------------ ◆ 基 本 知 识 ◆ ------------------------------

一、函数的连续性

下面先引入增量的概念,然后来描述连续性,并引入连续性的定义.

设变量 u 从它的一个初值 u_1 变到终值 u_2,终值与初值之差 u_2-u_1 称为变量 u 的**增量**,记作 $\Delta u = u_2 - u_1$.

【注意】(1) Δu 可以为正值,可以为负值,也可以为零.

(2) 记号 Δu 是一个整体性记号,不是 Δ 与 u 的乘积.

假设函数 $y=f(x)$ 在点 x_0 的某邻域内有定义,当自变量 x 在该邻域内从 x_0 变到 $x_0+\Delta x$ 时,函数值 y 相应地从 $f(x_0)$ 变到 $f(x_0+\Delta x)$,则函数 y 相应的有增量 Δy,且

$$\Delta y = f(x_0+\Delta x) - f(x_0).$$

1. 函数在一点处的连续性

定义 1.6.1　设函数 $y=f(x)$ 在点 x_0 的某邻域内有定义,当自变量 x 有增量 Δx 时,函数相应的有增量 Δy,若 $\lim\limits_{\Delta x \to 0} \Delta y = 0$,则称函数 $y=f(x)$ 在点 x_0 处**连续**,x_0 为 $f(x)$ 的**连续点**. 其中 $\Delta y = f(x_0+\Delta x) - f(x_0)$,若令 $x = x_0 + \Delta x$,则 $\Delta x \to 0$ 时,对应 $x \to x_0$,从而

$$\Delta y = f(x_0 + \Delta x) - f(x_0) = f(x) - f(x_0),$$

则定义 1.6.1 中的表达式为 $\lim\limits_{\Delta x \to 0} \Delta y = \lim\limits_{x \to x_0}[f(x) - f(x_0)] = \lim\limits_{x \to x_0} f(x) - f(x_0) = 0.$

由此得到函数连续的等价定义:

定义 1.6.2 设函数 $y = f(x)$ 在点 x_0 的某邻域内有定义,若 $\lim\limits_{x \to x_0} f(x) = f(x_0)$,则称函数 $y = f(x)$ 在点 x_0 处**连续**.

从上述定义可以看出,函数 $y = f(x)$ 在点 x_0 处连续必须满足三个条件:

(1) $y = f(x)$ 在点 x_0 的某邻域内有定义;

(2) $y = f(x)$ 在点 x_0 处极限存在,即 $\lim\limits_{x \to x_0} f(x) = A$;

(3) $y = f(x)$ 在点 x_0 处的极限值等于函数值,即 $A = f(x_0)$.

定义 1.6.3 (1) 如果函数 $f(x)$ 在点 x_0 的左半邻域 $(x_0 - \delta, x_0]$ 内有定义,且 $\lim\limits_{x \to x_0^-} f(x) = f(x_0)$,则称函数 $y = f(x)$ 在点 x_0 处**左连续**.

(2) 如果函数 $f(x)$ 在点 x_0 的右半邻域 $[x_0, x_0 + \delta)$ 内有定义,且 $\lim\limits_{x \to x_0^+} f(x) = f(x_0)$,则称函数 $y = f(x)$ 在点 x_0 处**右连续**.

定理 1.6.1 函数 $f(x)$ 在点 x_0 处连续的**充分必要条件**是函数 $f(x)$ 在点 x_0 处既左连续又右连续. 即 $\lim\limits_{x \to x_0^-} f(x) = \lim\limits_{x \to x_0^+} f(x) = f(x_0).$

2. 区间上的连续函数

在开区间 (a, b) 内每一点都连续的函数,称为在开区间 (a, b) 内的连续函数,或者称函数**在开区间 (a, b) 内连续**.

如果函数 $f(x)$ 在开区间 (a, b) 内连续,且在左端点 $x = a$ 处右连续,在右端点 $x = b$ 处左连续,则称函数 $f(x)$ 在**闭区间 $[a, b]$ 上连续**.

连续函数的图形是一条连续而不间断的曲线.

由于基本初等函数在其定义域内的每一点处的极限都是存在的,并且等于该点处的函数值,故由连续函数的定义可知,**基本初等函数都是其定义域内的连续函数**.

同理,多项式函数和有理分式函数在其定义域内的每一点处都是连续的.

二、函数的间断点及其分类

由函数 $f(x)$ 在点 x_0 处连续的定义可知,函数 $f(x)$ 在点 x_0 处连续,必须同时满足以下三个条件:

(1) $f(x)$ 在点 x_0 的某邻域有定义;

(2) $\lim\limits_{x \to x_0} f(x)$ 存在;

(3) $f(x)$ 在点 x_0 的函数值与极限值相等.

如果上述三条件中至少有一个不满足,那么点 x_0 就不是函数 $f(x)$ 的连续点.

如果函数 $f(x)$ 在点 x_0 处不连续,那么称 $f(x)$ 在点 x_0 处间断,点 x_0 称为函数的**间断点**.

根据函数 $f(x)$ 在间断点处**单侧极限**的情况,间断点分为第一类间断点和第二类间断点:

(1) 如果点 x_0 是函数 $f(x)$ 的间断点,并且函数 $f(x)$ 在点 x_0 处的左极限,右极限都存在,那么称点 x_0 是函数 $f(x)$ 的**第一类间断点**.

第一类间断点包含两种类型:**可去间断点与跳跃间断点**.

① 若 $f(x_0^-) = f(x_0^+)$,则 x_0 为 $f(x)$ 的**可去间断点**.

这种间断点只能有两种情况:第一种情况是 $f(x)$ 在点 x_0 无定义,第二种情况是 $f(x)$ 在点 x_0 有定义但 $\lim\limits_{x \to x_0} f(x) \neq f(x_0)$.

可去间断点有个重要性质 —— **连续延拓**,即可以通过补充定义或者改变定义使函数 $f(x)$ 在 x_0 处连续.

例如,函数 $f(x) = \dfrac{\sin x}{x}$ 在 $x = 0$ 处无定义,因此 $x = 0$ 是该函数的间断点.而 $\lim\limits_{x \to 0} \dfrac{\sin x}{x} = 1$,则 $f(0^-) = f(0^+) = 1$ 都存在,因此 $x = 0$ 是它的第一类间断点.

如果在 $x = 0$ 处补充定义 $f_1(0) = 1$,则有 $f_1(x) = \begin{cases} \dfrac{\sin x}{x}, & x \neq 0, \\ 1, & x = 0, \end{cases}$ 那么在 $x = 0$ 处,$f_1(x)$ 为连续函数,故 $x = 0$ 为 $f(x) = \dfrac{\sin x}{x}$ 的可去间断点.

又如,函数 $f(x) = \begin{cases} \dfrac{x^2 - 1}{x - 1}, & x \neq 1, \\ 1, & x = 1 \end{cases}$ 在 $x = 1$ 处有定义,且 $f(1) = 1$,但是 $\lim\limits_{x \to 1} f(x) = \lim\limits_{x \to 1} \dfrac{x^2 - 1}{x - 1} = \lim\limits_{x \to 1}(x + 1) = 2 \neq f(1)$,故 $x = 1$ 是第一类间断点.

若把 $f(1) = 1$ 的定义改变为 $f(1) = 2$,则改变定义后的函数在 $x = 1$ 处是连续的,故 $x = 1$ 为 $f(x) = \begin{cases} \dfrac{x^2 - 1}{x - 1}, & x \neq 1, \\ 2, & x = 1 \end{cases}$ 的可去间断点.

② 若 $f(x_0^-) \neq f(x_0^+)$,则 x_0 为 $f(x)$ 的**跳跃间断点**.

例如,函数 $f(x) = \begin{cases} x, & x \leqslant 0, \\ \mathrm{e}^x, & x > 0 \end{cases}$ 在 $x = 0$ 处,$f(0) = 0$,但是

$$\lim\limits_{x \to 0^-} f(x) = \lim\limits_{x \to 0^-} x = 0, \quad \lim\limits_{x \to 0^+} f(x) = \lim\limits_{x \to 0^+} \mathrm{e}^x = 1,$$

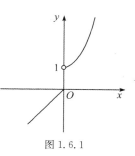

图 1.6.1

所以 $\lim\limits_{x \to 0^-} f(x) \neq \lim\limits_{x \to 0^+} f(x)$,所以 $x = 0$ 为 $f(x)$ 的跳跃间断点,如图 1.6.1 所示.

【注意】(1) 分段函数的间断点通常出现在分界点处.

(2) 如果点 x_0 是函数 $f(x)$ 的间断点,并且不是第一类间断点,那么称点 x_0 是函数 $f(x)$ 的**第二类间断点**.即函数 $f(x)$ 在点 x_0 处的左极限、右极限至少有一个不存在.

【注意】无穷间断点和振荡间断点都属于第二类间断点.

三、初等函数的连续性

1. 连续函数的四则运算

定理 1.6.2 如果函数 $f(x)$ 与 $g(x)$ 在点 x 处连续,那么 $f(x) \pm g(x)$、$f(x) \cdot g(x)$、$\dfrac{f(x)}{g(x)}$(当 $g(x) \neq 0$ 时) 都在点 x 处连续.

例如,函数 $f(x) = \sin x$ 与 $g(x) = 3x^2 + 1$ 都在 $(-\infty, +\infty)$ 上连续,所以根据定理 1.6.2 可知,$\varphi(x) = \dfrac{f(x)}{g(x)} = \dfrac{\sin x}{3x^2 + 1}$ 在 $(-\infty, +\infty)$ 上连续.

2. 复合函数的连续性

定理 1.6.3 若函数 $y=f(u)$ 在点 $u=u_0$ 处连续,函数 $u=\varphi(x)$ 在点 $x=x_0$ 处连续,且 $u_0=\varphi(x_0)$,则复合函数 $y=f[\varphi(x)]$ 在点 $x=x_0$ 处连续.

可见,求复合函数的极限时,如果 $u=\varphi(x)$ 在点 x_0 处极限存在,又 $y=f(u)$ 在对应的 $u_0(u_0=\lim\limits_{x\to x_0}\varphi(x))$ 处连续,则极限符号可以与函数符号交换,即

$$\lim_{x\to x_0}f[\varphi(x)]=f[\lim_{x\to x_0}\varphi(x)]=f[\varphi(x_0)].$$

3. 反函数的连续性

定理 1.6.4 设函数 $y=f(x)$ 在区间 I_x 上是单调增加(或单调减少)的连续函数,则它的反函数 $x=f^{-1}(y)$ 是区间 $I_y=\{y\mid y=f(x),x\in I_x\}$ 上的单调增加(或单调减少)的连续函数.

从而,$y=\arccos x$、$y=\arctan x$、$y=\text{arccot}\,x$ 在其各自的定义域上都是单调的连续函数.

4. 初等函数的连续性

由初等函数的定义、基本初等函数的连续性、连续函数的四则运算以及复合函数的连续性,可以得出如下重要结论:**一切初等函数在其定义区间内都是连续的.**

所谓定义区间是指包含在定义域内的区间.

根据这个结论,如果 $f(x)$ 是初等函数,x_0 是其定义域内的一点,那么 $\lim\limits_{x\to x_0}f(x)=f(x_0)$. 因此要计算 $\lim\limits_{x\to x_0}f(x)$,只需求其函数值 $f(x_0)$ 即可.

四、闭区间上连续函数的性质

1. 最值定理与有界性定理

定义 1.6.4 设函数 $f(x)$ 在区间 I 上有定义,如果至少存在一点 $x_0\in I$,使得每一个 $x\in I$ 都有 $f(x)\leqslant f(x_0)$(或 $f(x)\geqslant f(x_0)$),那么称 $f(x_0)$ 是函数 $f(x)$ 在区间 I 上的**最大值**(或**最小值**),称 x_0 为函数 $f(x)$ 的**最大值点**(或**最小值点**). 最大值和最小值统称**最值**.

定理 1.6.5(最大值最小值定理) 如果函数 $f(x)$ 在闭区间 $[a,b]$ 上连续,那么函数 $f(x)$ 在 $[a,b]$ 上一定能取得它的最大值和最小值. 也就是说,存在 m 和 M,使得对一切 $x\in[a,b]$,有不等式 $m<f(x)<M$ 成立. 如图 1.6.2 所示.

【注意】定理 1.6.5 中的条件是充分非必要条件,即

(1)若把定理中的闭区间改成开区间,定理的结论不一定成立,例如函数 $y=x$ 在 $(2,3)$ 内是连续的,但它在 $(2,3)$ 内既无最大值又无最小值.

(2)若函数 $f(x)$ 在闭区间内有间断点,定理的结论也不一定成立;

例如,函数 $f(x)=\begin{cases}x+1, & -1\leqslant x<0,\\ 0, & x=0,\\ x-1, & 0<x\leqslant 1,\end{cases}$ 在 $x=0$ 处间断,$f(x)$ 在 $[-1,1]$ 上既无最大值也无最小值.

(3)在不满足定理条件下,有的函数也可能取得最大值和最小值,如图 1.6.3 所示,虽然在闭区间 $[a,b]$ 上不连续,但存在最大值与最小值.

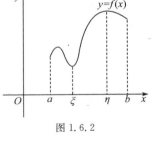

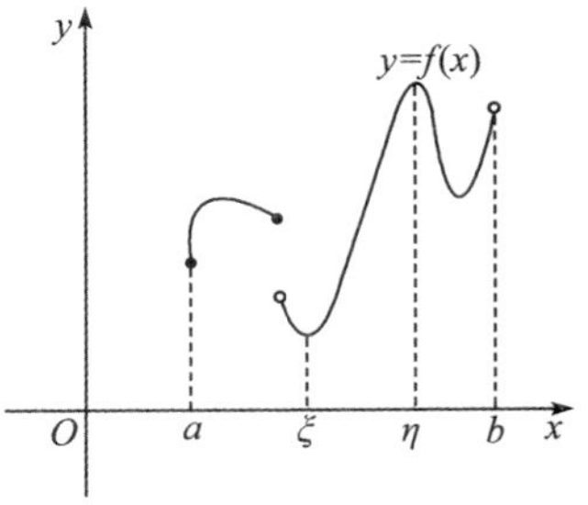

图 1.6.2

图 1.6.3

推论（有界性定理）　如果函数 $f(x)$ 在闭区间 $[a,b]$ 上连续,那么函数 $f(x)$ 在 $[a,b]$ 上有界.

2. 零点定理与介值定理

如果函数 $f(x)$ 在 $x=x_0$ 点处有 $f(x_0)=0$,那么 x_0 称为 $f(x)$ 的**零点**.

定理 1.6.6(零点定理)　如果函数 $f(x)$ 在闭区间 $[a,b]$ 上连续,且 $f(a)\cdot f(b)<0$,那么在开区间 (a,b) 内至少存在一点 ξ,使得 $f(\xi)=0$,即方程 $f(x)=0$ 在 (a,b) 内至少存在一个根 ξ.

如图 1.6.4 所示,若连续曲线弧 $y=f(x)$ 的两个端点位于 x 轴的上下两侧,那么曲线弧与 x 轴至少有一个交点 ξ.

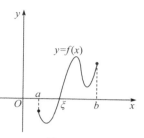

图 1.6.4

定理 1.6.7(介值定理)　若函数 $f(x)$ 在闭区间 $[a,b]$ 上连续,且在区间的端点处取不同的函数值 $f(a)=A$,$f(b)=B$,那么对于 A 和 B 之间的任意一个数 C,在 (a,b) 内至少存在一点 ξ,使得 $f(\xi)=C$.

这个定理的几何意义可由图 1.6.5 看出,函数曲线与平行于 x 轴的直线 $y=C$ 至少有一个交点.

推论　在闭区间上连续的函数一定能取得介于最大值和最小值之间的任何值.

【注意】高等数学 Ⅲ 考试大纲对闭区间上连续函数的性质要求是了解.

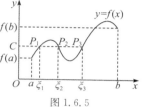

图 1.6.5

📖 **考 点 解 读** 📖

在专升本考试中,本节主要考查以下几方面的内容:

1. 讨论函数在某点处的连续性.

2. 求函数的间断点并判断间断点类型.

3. 利用初等函数的连续性求极限.

考点一　讨论函数的连续性

1. 讨论分段函数的连续性

【方法归纳】讨论分段函数的连续区间或讨论分段函数分界点处的连续性,本质上是判别分段函数在分界点处的连续性,在判别时按照下面的步骤:

(1) 求出分段函数分界点处的函数值;

(2) 利用求函数极限的方法,求出分界点处的左、右两个单侧极限;

(3) 运用判别连续性的充分必要条件: $\lim\limits_{x\to x_0^+}f(x)=\lim\limits_{x\to x_0^-}f(x)=f(x_0)$.

例 1　设函数 $f(x)=\begin{cases}(1-x)^{\frac{1}{x}}, & x<0,\\ 2^x+k, & x\geqslant 0\end{cases}$ 在 $x=0$ 处连续,则 $k=$ _____.

解　要使函数 $f(x)=\begin{cases}(1-x)^{\frac{1}{x}}, & x<0,\\ 2^x+k, & x\geqslant 0\end{cases}$ 在 $x=0$ 处连续,则须 $\lim\limits_{x\to 0^-}f(x)=\lim\limits_{x\to 0^+}f(x)=f(0)$.

而 $\lim\limits_{x\to 0^-}f(x)=\lim\limits_{x\to 0^-}(1-x)^{\frac{1}{x}}=\mathrm{e}^{-1}$, $\lim\limits_{x\to 0^+}f(x)=\lim\limits_{x\to 0^+}(2^x+k)=1+k=f(0)$,则有 $\mathrm{e}^{-1}=1+k$,所以

$k = e^{-1} - 1$. 故应填 $e^{-1} - 1$.

> **【名师点拨】**已知分段函数的连续性,求未知常数是考试的重点题型.分段函数在分界点的左右两侧函数表达式不同,需要分别计算分界点处的两个单侧极限,利用连续性的充要条件来建立关于待求未知常数的方程,然后解方程求得未知常数.

例2 设函数 $f(x) = \begin{cases} \dfrac{x^2 \sin \dfrac{1}{x}}{e^x - 1}, & x < 0, \\ b, & x = 0, \\ \dfrac{\ln(1 + 2x)}{x} + a, & x > 0, \end{cases}$ 当 $a = \underline{\qquad}$, $b = \underline{\qquad}$ 时, $f(x)$ 在

$(-\infty, +\infty)$ 内连续.

解 当 $x < 0$ 时, $\dfrac{x^2 \sin \dfrac{1}{x}}{e^x - 1}$ 有定义,函数 $f(x)$ 连续;当 $x > 0$ 时, $\dfrac{\ln(1 + 2x)}{x} + a$ 有定义,

函数 $f(x)$ 也连续;而在 $x = 0$ 处,因为

$$\lim_{x \to 0^-} f(x) = \lim_{x \to 0^-} \frac{x^2 \sin \dfrac{1}{x}}{e^x - 1} = \lim_{x \to 0^-} \frac{x}{e^x - 1} \cdot \lim_{x \to 0^-} x \sin \frac{1}{x} = 0,$$

$$\lim_{x \to 0^+} f(x) = \lim_{x \to 0^+} \left[\frac{\ln(1 + 2x)}{x} + a \right] = \lim_{x \to 0^+} \frac{2x}{x} + a = 2 + a.$$

因此,当 $2 + a = b = 0$,即 $a = -2, b = 0$ 时, $f(x)$ 在 $(-\infty, +\infty)$ 内连续. 故应填 $-2, 0$.

> **【名师点拨】**从近几年的专升本真题可以看出,关于分段函数连续性的讨论是必考内容之一.主要是对分界点处连续性的讨论:(1)若在分界点处没有定义,则必定不连续;(2)若有定义,则讨论 $\lim\limits_{x \to x_0^+} f(x) = \lim\limits_{x \to x_0^-} f(x) = f(x_0)$ 是否成立.

例3 求下列函数的连续区间:

$(1) f(x) = \begin{cases} 2x^2, & 0 \leqslant x < 1, \\ 4 - 2x, & 1 \leqslant x \leqslant 2. \end{cases}$ $\qquad$ $(2) f(x) = \begin{cases} x \cdot \cos \dfrac{1}{x}, & x \neq 0, \\ 1, & x = 0. \end{cases}$

解 (1)在分界点 $x = 1$ 处, $f(1) = 2$,且 $\lim\limits_{x \to 1^-} f(x) = \lim\limits_{x \to 1^-} 2x^2 = 2$.

$\lim\limits_{x \to 1^+} f(x) = \lim\limits_{x \to 1^+} (4 - 2x) = 2$,即 $\lim\limits_{x \to 1^+} f(x) = \lim\limits_{x \to 1^-} f(x) = 2$,所以 $f(x)$ 在 $x = 1$ 处连续.

又因为 $f(x)$ 在 $[0, 1)$ 内连续,在 $[1, 2]$ 上连续,所以 $f(x)$ 的连续区间为 $[0, 2]$.

(2)函数的分界点是 $x = 0, f(0) = 1$,由 $\lim\limits_{x \to 0} x \cdot \cos \dfrac{1}{x} = 0 \neq f(0)$,所以 $f(x)$ 在点 $x = 0$ 处

不连续,故函数的连续区间为 $(-\infty, 0) \bigcup (0, +\infty)$.

【名师点拨】求分段函数的连续区间分两步：

（1）各定义区间段上的函数表达式如果是初等函数,则在每段定义区间上都是连续的；

（2）判断分段函数在分界点处的连续性,需利用连续性的定义或连续性的充要条件,综上讨论求得连续区间.

2. 利用连续的定义求极限

【方法归纳】若 x_0 是初等函数 $f(x)$ 定义域内的一点,那么 $\lim\limits_{x \to x_0} f(x) = f(x_0)$. 因此要计算 $\lim\limits_{x \to x_0} f(x)$,只需求其函数值 $f(x_0)$ 即可；若 x_0 不是定义域内的一点,此时函数值 $f(x_0)$ 无意义,考虑其他求极限的方法.

例　求 $\lim\limits_{x \to 2} \sqrt{x^2 + 3x - 4}$.

解　因为函数 $y = \sqrt{x^2 + 3x - 4}$ 是初等函数,定义域为 $(-\infty, -4) \bigcup (1, +\infty)$. 点 $x = 2$ 在定义域内,于是由函数的连续性可知 $\lim\limits_{x \to 2} \sqrt{x^2 + 3x - 4} = \sqrt{2^2 + 3 \times 2 - 4} = \sqrt{6}$.

【名师点拨】若函数 $f(x)$ 为初等函数,根据初等函数连续性知,初等函数在其定义域内每点都连续,所以求初等函数定义域内点的极限可以转化为求该点的函数值.

3. 抽象函数连续性的讨论

【方法归纳】抽象函数连续性的讨论本质上还是利用了函数在一点处连续的定义,即 $\lim\limits_{x \to x_0} f(x) = f(x_0)$.

例　设 $f(x)$ 在 $x = 2$ 连续,且 $\lim\limits_{x \to 2} \dfrac{f(x) - 3}{x - 2}$ 存在,则 $f(2) = $ _____.

解　由 $\lim\limits_{x \to 2} \dfrac{f(x) - 3}{x - 2}$ 存在,得 $\lim\limits_{x \to 2} [f(x) - 3] = 0$,从而 $\lim\limits_{x \to 2} f(x) = 3$. 同时,由 $f(x)$ 在 $x = 2$ 连续,根据连续的定义得 $f(2) = \lim\limits_{x \to 2} f(x)$,所以 $f(2) = 3$. 故应填 3.

【名师点拨】当分母 $(x - 2) \to 0$ 时,要使分式 $\dfrac{f(x) - 3}{x - 2}$ 极限存在,当且仅当分子 $[f(x) - 3] \to 0$.

考点二　求函数的间断点,并判断间断点的类型

【方法归纳】求函数的间断点并判断其类型的具体步骤.

1. 找出函数 $f(x)$ 的间断点 $x_1, x_1, \cdots, x_k$,其中

（1）初等函数没有定义的点是其间断点；

（2）分段函数的分界点处往往是间断点,具体情况还需进一步判断.

2. 对每一个间断点 x_i 求极限 $\lim\limits_{x \to x_0^-} f(x)$ 及 $\lim\limits_{x \to x_0^+} f(x)$.

3. 判断类型

（1）左右极限都存在且相等时,属于第一类间断点,且为可去间断点；

(2) 左右极限都存在但不相等时,属于第一类间断点,且为跳跃间断点;

(3) 左右极限至少有一个不存在时,属于第二类间断点.

例 1 $x=1$ 为函数 $y=\dfrac{x^4-1}{x^3-1}$ 的 _____ 间断点.

解 因为 $y=\dfrac{x^4-1}{x^3-1}=\dfrac{(x^2+1)(x+1)(x-1)}{(x-1)(x^2+x+1)}=\dfrac{(x^2+1)(x+1)}{(x^2+x+1)}(x\neq 1)$,所以有

$\lim\limits_{x\to 1}y=\lim\limits_{x\to 1}\dfrac{(x^2+1)(x+1)}{(x^2+x+1)}=\dfrac{2\times 2}{3}=\dfrac{4}{3}$,因此 $x=1$ 为函数 $y=\dfrac{x^4-1}{x^3-1}$ 的可去间断点.

故应填"可去".

> **【名师点拨】** 若能直接求得间断点 x_0 处的极限 $\lim\limits_{x\to x_0}f(x)$, 则必有 $\lim\limits_{x\to x_0^-}f(x)=\lim\limits_{x\to x_0^+}f(x)$.

例 2 $x=1$ 是函数 $f(x)=\mathrm{e}^{\frac{1}{x-1}}$ 的第 _____ 类间断点.

解 因为 $\lim\limits_{x\to 1^+}f(x)=\lim\limits_{x\to 1^+}\mathrm{e}^{\frac{1}{x-1}}=+\infty$,$\lim\limits_{x\to 1^-}f(x)=\lim\limits_{x\to 1^-}\mathrm{e}^{\frac{1}{x-1}}=0$,

所以 $x=1$ 是函数 $f(x)=\mathrm{e}^{\frac{1}{x-1}}$ 的第二类间断点. 故应填 二.

例 3 设函数 $f(x)=\begin{cases}\sin\dfrac{1}{x}, & x>0,\\ x-1, & x\leqslant 0,\end{cases}$ 函数 $f(x)$ 的间断点是 _____,间断点的类型

是 _____.

解 因为 $\lim\limits_{x\to 0^+}\sin\dfrac{1}{x}$ 不存在,所以 $x=0$ 为第二类间断点. 故应填 $x=0$ 和第二类间断点.

> **【名师点拨】** 判别分段函数在分界点处的连续性时,常用到充要条件:$f(x)$ 在 x_0 处连续 $\Leftrightarrow f(x)$ 在 x_0 处既左连续又右连续.

◆------------------------------ 📖 **真 题 解 析** 📖 ------------------------------◆

考点一 讨论分段函数的连续性

【真题 1】 (2021 高数三) 已知函数 $f(x)=\begin{cases}(1+ax)^{\frac{1}{x}}, & x>0,\\ 2b-\mathrm{e}, & x=0, \\ b+\ln(1+x^2), & x<0\end{cases}$ 在 $x=0$ 处连续,求

实数 a 和 b 的值.

解 显然 $f(0)=2b-\mathrm{e}$,且 $\lim\limits_{x\to 0^+}f(x)=\lim\limits_{x\to 0^+}(1+ax)^{\frac{1}{x}}=\lim\limits_{x\to 0^+}[(1+ax)^{\frac{1}{ax}}]^a=\mathrm{e}^a$,

$\lim\limits_{x\to 0^-}f(x)=\lim\limits_{x\to 0^-}[b+\ln(1+x^2)]=b$,

因为函数 $f(x)$ 在 $x=0$ 处连续,所以 $e^a=b=2b-e$,解得 $a=1,b=e$.

【真题2】 (2021 高数二) 已知函数 $f(x)=\begin{cases}\dfrac{ax}{\sqrt{1+x}-1}, & x>0, \\ 2b+1, & x=0, \\ b+2\cos x, & x<0\end{cases}$ 在 $x=0$ 处连续,求

实数 a 与 b 的值.

解 由已知,$f(0^+)=\lim\limits_{x\to 0^+}f(x)=\lim\limits_{x\to 0^+}\dfrac{ax}{\sqrt{1+x}-1}=\lim\limits_{x\to 0^+}\dfrac{ax(\sqrt{1+x}+1)}{x}=2a$,

$f(0^-)=\lim\limits_{x\to 0^-}f(x)=\lim\limits_{x\to 0^-}(b+2\cos x)=2+b$.

因为函数 $f(x)$ 在 $x=0$ 处连续,且 $f(0)=2b+1$,所以 $\begin{cases}2a=2b+1, \\ 2+b=2b+1,\end{cases}$ 解得 $\begin{cases}a=\dfrac{3}{2}, \\ b=1.\end{cases}$

【真题3】 (2020 高数三) 已知函数 $f(x)=\begin{cases}\dfrac{a\sin x}{x}+b, & x>0, \\ 2, & x=0, \\ \dfrac{x}{2}-a, & x<0\end{cases}$ 在点 $x=0$ 处连续,求实

数 a 与 b 的值.

解 由已知条件可得

$f(0^+)=\lim\limits_{x\to 0^+}f(x)=\lim\limits_{x\to 0^+}\left(\dfrac{a\sin x}{x}+b\right)=a+b$,

$f(0^-)=\lim\limits_{x\to 0^-}f(x)=\lim\limits_{x\to 0^-}\left(\dfrac{x}{2}-a\right)=-a$,

因为函数 $f(x)$ 在点 $x=0$ 处连续,且 $f(0)=2$,所以 $\begin{cases}a+b=2, \\ -a=2,\end{cases}$ 解得 $\begin{cases}a=-2, \\ b=4.\end{cases}$

【名师点拨】 从近几年的专升本真题可以看出,分段函数在分界点处的连续性或者判断分段函数的连续区间是考试必考的考点.

考点二　求函数的间断点并判断其类型

【真题1】 (2021 高数三) 函数 $f(x)=\dfrac{x+2}{x^2-x}$,则 $x=0$ 是 $f(x)$ 的 _____ 间断点.

解 当 $x=0$ 时,函数 $f(x)=\dfrac{x+2}{x^2-x}$ 无意义,且 $\lim\limits_{x\to 0}\dfrac{x+2}{x^2-x}=\infty$. 故应填第二类(无穷).

【真题2】 (2020 高数三) 点 $x=1$ 是函数 $y=\dfrac{x-1}{x^2-1}$ 的( ).

A. 连续点　　　　B. 可去间断点　　　　C. 跳跃间断点　　　　D. 无穷间断点

解 当 $x=1$ 时,函数 $y=\dfrac{x-1}{x^2-1}$ 无意义,且 $\lim\limits_{x\to 1}\dfrac{x-1}{x^2-1}=\lim\limits_{x\to 1}\dfrac{1}{x+1}=\dfrac{1}{2}$. 故应选 B.

【真题3】 (2019 **财经类**) $x = 0$ 是函数 $f(x) = \dfrac{\tan x}{x}$ 的第 _____ 类间断点.

解 因为 $\lim\limits_{x \to 0} \dfrac{\tan x}{x} = 1$,所以 $x = 1$ 是函数 $f(x) = \dfrac{\tan x}{x}$ 的第一类间断点.

故应填"一".

------------------------------ 📖 **考 纲 解 读** 📖 ------------------------------

一、最新大纲要求

1.理解函数连续性(包括左连续和右连续)的概念,掌握函数连续与左连续、右连续之间的关系.会求函数的间断点并判断其类型.

2.掌握连续函数的四则运算和复合运算.理解初等函数在其定义区间内的连续性,并会利用连续性求极限.

3.了解闭区间上连续函数的性质(有界性定理、最大值和最小值定理、介值定理).

二、本节方法综述

连续与间断的问题实质上是极限的应用问题.

1.初等函数在定义区间上连续,因此,对初等函数求间断点,只需找出其定义区间的端点,而间断点类型通过讨论相应极限确定.

2.分段函数在分界点的连续性一般要考虑其左右极限.

3.确定间断点的类型,一般应先求左右极限再判断.

4.抽象函数的连续性应根据题中条件用定义处理.

5.若函数以极限形式给出,先求极限再讨论连续性.

第二章　导数与微分

　　导数和微分是微积分学中重要的基本概念,导数能反映函数相对于自变量的变化而变化的快慢程度,微分则能刻画自变量有一微小改变量时,相应的函数值改变量.研究导数理论,求函数导数与微分的方法及其应用的科学称为微分学.

知 识 梳 理

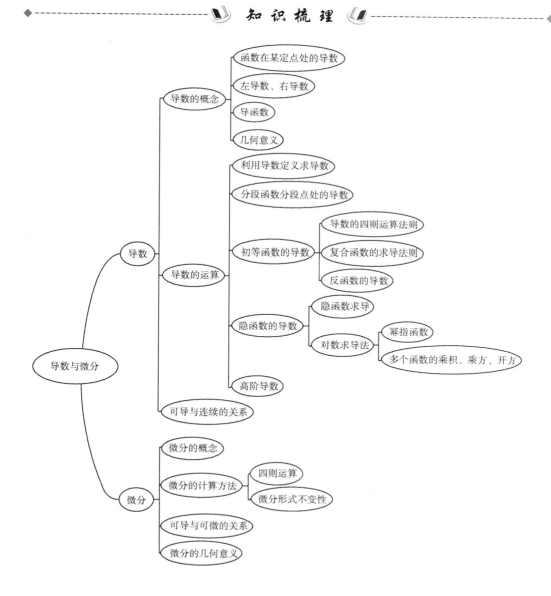

第一节　导数的概念

-------------------------- 📖 基 本 知 识 📖 --------------------------

一、导数的定义

1. 函数在某点处的导数

定义 2.1.1　设函数 $y=f(x)$ 在点 x_0 的某个邻域内有定义,当自变量 x 在点 x_0 处取得增量 Δx(点 $x_0+\Delta x$ 仍在该邻域内)时,相应的函数 y 取得增量 $\Delta y=f(x_0+\Delta x)-f(x_0)$,如果当 $\Delta x \to 0$ 时,$\dfrac{\Delta y}{\Delta x}$ 的极限存在,即

$$\lim_{\Delta x \to 0} \frac{\Delta y}{\Delta x} = \lim_{\Delta x \to 0} \frac{f(x_0+\Delta x)-f(x_0)}{\Delta x} \tag{2.1}$$

存在,那么称函数 $y=f(x)$ 在点 x_0 处**可导**,并称这个极限值为函数 $y=f(x)$ 在点 x_0 处的**导数**,记作 $f'(x_0)$、$y'\big|_{x=x_0}$、$\dfrac{\mathrm{d}y}{\mathrm{d}x}\Big|_{x=x_0}$ 或 $\dfrac{\mathrm{d}f}{\mathrm{d}x}\Big|_{x=x_0}$,即

$$f'(x_0) = \lim_{\Delta x \to 0} \frac{\Delta y}{\Delta x} = \lim_{\Delta x \to 0} \frac{f(x_0+\Delta x)-f(x_0)}{\Delta x}. \tag{2.2}$$

如果极限(2.1)不存在,则说函数 $y=f(x)$ 在点 x_0 处不可导.若不可导的原因是当 $\Delta x \to 0$ 时,$\dfrac{\Delta y}{\Delta x} \to \infty$,习惯上记作:$f'(x_0)=\infty$.

【注意】(1)(2.2)式中的自变量的增量 Δx 也常用 h 来表示,因此(2.2)式也可以写作:

$$f'(x_0) = \lim_{h \to 0} \frac{f(x_0+h)-f(x_0)}{h}. \tag{2.3}$$

(2) 在(2.2)式中,令 $x=x_0+\Delta x$,则上式又可写作:

$$f'(x_0) = \lim_{x \to x_0} \frac{f(x)-f(x_0)}{x-x_0}. \tag{2.4}$$

2. 导函数

如果函数 $y=f(x)$ 在开区间 (a,b) 内的每一点处都可导,那么就称函数 $y=f(x)$ 在开区间 (a,b) 内可导,或称函数 $y=f(x)$ 是开区间 (a,b) 内的可导函数.此时,对于开区间 (a,b) 内每一点 x,都对应着 $f(x)$ 的一个确定的导数值,这就构成了一个新的函数,这个新函数称为函数 $y=f(x)$ 在 (a,b) 内的**导函数**,简称导数,记作:$f'(x)$、y'、$\dfrac{\mathrm{d}y}{\mathrm{d}x}$ 或 $\dfrac{\mathrm{d}f(x)}{\mathrm{d}x}$.

【注意】求函数的导数是一种运算,其记号"$'$"或"$\dfrac{\mathrm{d}}{\mathrm{d}x}$"也起到运算符号的作用.

在(2.2)式中把 x_0 换成 x,就得到导函数的定义式:

$$f'(x) = \lim_{\Delta x \to 0} \frac{f(x+\Delta x)-f(x)}{\Delta x}, x \in (a,b) \tag{2.5}$$

或

$$f'(x) = \lim_{h \to 0} \frac{f(x+h) - f(x)}{h}, x \in (a, b). \tag{2.6}$$

在(2.5)式和(2.6)式中,虽然 x 可以取开区间 (a, b) 内的任何一点,但是在极限过程中, x 视为常量, Δx 和 h 是变量.

函数 $y = f(x)$ 在点 x_0 处的导数 $f'(x_0)$ 就是导函数 $f'(x)$ 在点 x_0 处的函数值,即

$$f'(x_0) = f'(x)\big|_{x = x_0}.$$

3. 左、右导数

定义 2.1.2　设函数 $y = f(x)$ 在 x_0 的某左半邻域 $(x_0 - \delta, x_0)$ 内有定义,如果当 $\Delta x \to 0^-$ 时,极限 $\lim\limits_{\Delta x \to 0^-} \dfrac{f(x + \Delta x) - f(x)}{\Delta x}$ 存在,则称此极限值为函数 $y = f(x)$ 在 x_0 处的**左导数**,记为

$$f'_-(x_0) = \lim_{\Delta x \to 0^-} \frac{f(x_0 + \Delta x) - f(x_0)}{\Delta x} = \lim_{x \to x_0^-} \frac{f(x) - f(x_0)}{x - x_0}.$$

同理,**右导数**为 $f'_+(x_0) = \lim\limits_{\Delta x \to 0^+} \dfrac{f(x_0 + \Delta x) - f(x_0)}{\Delta x} = \lim\limits_{x \to x_0^+} \dfrac{f(x) - f(x_0)}{x - x_0}$,

左导数和右导数统称为**单侧导数**.

若 $f(x)$ 在 (a, b) 内可导,且在 $x = a$ 处右导数存在,在 $x = b$ 处左导数存在,则称 $f(x)$ 在 $[a, b]$ 上可导.

定理 2.1.1　函数 $f(x)$ 在 x_0 处可导的充要条件是左导数 $f'_-(x_0)$ 和右导数 $f'_+(x_0)$ 都存在且相等.

二、导数的几何意义

函数 $y = f(x)$ 在点 x_0 处的导数 $f'(x_0)$,在几何上表示曲线 $y = f(x)$ 在点 $M(x_0, f(x_0))$ 处的**切线的斜率**.

由导数的几何意义及直线的点斜式方程,可得曲线 $y = f(x)$ 上点 $M(x_0, y_0)$ 处的切线方程和法线方程.

切线方程: $y - y_0 = f'(x_0)(x - x_0)$,

法线方程: $(y - y_0) = -\dfrac{1}{f'(x_0)}(x - x_0)$ (注: $f'(x_0) \neq 0$).

特别地,如果 $f'(x_0) = 0$,则曲线 $y = f(x)$ 在点 $M(x_0, f(x_0))$ 处的切线方程和法线方程为:

切线方程: $y = y_0$,

法线方程: $x = x_0$.

三、可导与连续的关系

定理 2.1.2　如果函数 $y = f(x)$ 在 x_0 处是可导的,那么函数在 x_0 处一定是连续的.

反之,函数在某点连续,却不一定在该点可导.

例如:函数 $y = x^{\frac{1}{3}}$ 在区间 $(-\infty, +\infty)$ 上是连续的,当然在点 $x = 0$ 处也连续,但它在 $x = 0$ 处是不可导的. 因为在点 $x = 0$ 处有

$$\lim_{\Delta x \to 0} \frac{f(0 + \Delta x) - f(0)}{\Delta x} = \lim_{\Delta x \to 0} \frac{(\Delta x)^{\frac{1}{3}} - 0}{\Delta x} = \lim_{\Delta x \to 0} \frac{1}{(\Delta x)^{\frac{2}{3}}} = \infty,$$

即导数为无穷大(导数不存在).这说明连续未必可导.

◆━━━━━━━━ 📖 考 点 解 读 📖 ━━━━━━━━◆

在专升本考试中,本节主要考查以下几方面的内容:

1.导数的定义.

2.导数几何意义的应用.

3.函数可导性与连续性的关系.

考点一　导数的定义

1.利用导数定义式求函数在某点处的导数

【方法归纳】已知函数 $f(x)$ 在 x_0 点连续,求 $f'(x_0)$ 时,通常用导数的定义式求解.特别地,抽象函数 $f(x)$ 满足 $f(x_0)=0$,求 $f'(x_0)$,须用定义式 $f'(x_0)=\lim\limits_{x\to x_0}\dfrac{f(x)-f(x_0)}{x-x_0}$ 求解.

例　设 $f(x)=x(x-1)(x-2)\cdots(x-2021)$,则 $f'(0)=$ _____.

解　根据导数的定义得

$$f'(0)=\lim_{x\to 0}\frac{f(x)-f(0)}{x-0}=\lim_{x\to 0}(x-1)(x-2)\cdots(x-2021)=-2021!.$$

故应填 $-2021!$.

> 【名师点拨】本题也可以用函数乘积的求导法则计算,但过程略显繁琐.
> 设 $g(x)=(x-1)(x-2)\cdots(x-2021)$,$g(x)$ 显然可导,则
> $$f'(x)=[xg(x)]'=g(x)+xg'(x),$$
> 于是 $f'(0)=g(0)+0\cdot g'(0)=(-1)(-2)\cdots(-2021)=-2021!.$

2.利用导数的定义式求极限

【方法归纳】若函数 $f(x)$ 在 $x=x_0$ 处可导,求 $\lim\limits_{h\to 0}\dfrac{f(x_0+ah)-f(x_0+bh)}{h}$.其中 a,b 是不同时为零的常数.则

$$\lim_{h\to 0}\frac{f(x_0+ah)-f(x_0+bh)}{h}=\lim_{h\to 0}\left[a\frac{f(x_0+ah)-f(x_0)}{ah}-b\frac{f(x_0+bh)-f(x_0)}{bh}\right]=(a-b)f'(x_0).$$

【注意】在做客观题时可直接利用上述结论,可以起到事半功倍的效果.

例1　函数 $f(x)$ 在 $x=x_0$ 可导且 $f'(x_0)=2$,则 $\lim\limits_{h\to 0}\dfrac{f(x_0+2h)-f(x_0)}{h}=$（　　）.

A. 4　　　　　　B. 2　　　　　　C. 1　　　　　　D. 0

解　由导数的定义可得

$$\lim_{h\to 0}\frac{f(x_0+2h)-f(x_0)}{h}=2\lim_{h\to 0}\frac{f(x_0+2h)-f(x_0)}{2h}=2f'(x_0)=4.$$

故应选 A.

例2　设 $f(0)=0$,$f'(0)$ 存在,则 $\lim\limits_{x\to 0}\dfrac{f(2x)}{x}=$（　　）.

A. $2f(0)$　　　　B. $\dfrac{1}{2}f'(0)$　　　　C. $f'(0)$　　　　D. $2f'(0)$

解　因为 $f(0)=0$，所以 $\lim\limits_{x\to 0}\dfrac{f(2x)}{x}=2\lim\limits_{x\to 0}\dfrac{f(0+2x)-f(0)}{2x}=2f'(0)$.

故应选 D.

3. 已知某增量比值的极限利用导数的定义式求导数

【方法归纳】已知 $\lim\limits_{h\to 0}\dfrac{f(x_0+ah)-f(x_0+bh)}{h}=A$，$a,b$ 是不同时为零的常数，则

$f'(x_0)=\dfrac{A}{a-b}$.

【注意】此类题型本质上和上面的题型是同一个类型，仅是在形式上有所变化. 在做客观题时可直接利用上述结论，可以起到事半功倍的效果.

例　已知 $f(x)$ 可导，且 $\lim\limits_{x\to 0}\dfrac{f(1+2x)-f(1)}{x}=1$，则 $f'(1)=(\qquad)$.

A. 2　　　　B. 1　　　　C. 0　　　　D. $\dfrac{1}{2}$

解　根据导数定义知 $\lim\limits_{x\to 0}\dfrac{f(1+2x)-f(1)}{x}=2\lim\limits_{x\to 1}\dfrac{f(1+2x)-f(1)}{2x}=2f'(1)=1$. 所以

$f'(1)=\dfrac{1}{2}$. 故应选 D.

考点二　求分段函数在分界点处的导数

1. 形如 $f(x)=\begin{cases}h(x),x\neq x_0,\\ A,\qquad x=x_0\end{cases}$ 的分段函数，讨论 $x=x_0$ 点的可导性

【方法归纳】若函数在 $x=x_0$ 处连续，由于分界点 $x=x_0$ 处左右两侧所对应的函数表达式相同，求 $f'(x_0)$ 时，用定义式 $f'(x_0)=\lim\limits_{x\to x_0}\dfrac{f(x)-f(x_0)}{x-x_0}$ 求解即可.

例　设 $f(x)=\begin{cases}\dfrac{1-e^{x^2}}{x},& x\neq 0,\\ 0,& x=0,\end{cases}$ 则 $f'(0)=\underline{\qquad}$.

解　根据导数定义，得

$$f'(0)=\lim_{x\to 0}\frac{f(x)-f(0)}{x-0}=\lim_{x\to 0}\frac{\dfrac{1-e^{x^2}}{x}-0}{x}=\lim_{x\to 0}\frac{1-e^{x^2}}{x^2}=\lim_{x\to 0}\frac{-x^2}{x^2}=-1.$$

故应填 -1.

2. 形如 $f(x)=\begin{cases}h(x),x< x_0,\\ g(x),x\geqslant x_0\end{cases}$ 的分段函数，讨论 $x=x_0$ 点的可导性

【方法归纳】由于分界点 $x=x_0$ 处左、右两侧所对应的函数表达式不同，需分别求：

左导数：$f'_-(x_0)=\lim\limits_{\Delta x\to 0}\dfrac{f(x_0+\Delta x)-f(x_0)}{\Delta x}=\lim\limits_{x\to x_0^-}\dfrac{h(x)-f(x_0)}{x-x_0}$；

右导数：$f'_+(x_0) = \lim\limits_{\Delta x \to 0^+} \dfrac{f(x_0 + \Delta x) - f(x_0)}{\Delta x} = \lim\limits_{x \to x_0^+} \dfrac{g(x) - f(x_0)}{x - x_0}$.

当 $f'_-(x_0) = f'_+(x_0)$ 时，$f(x)$ 在 $x = x_0$ 处可导，且 $f'(x_0) = f'_-(x_0) = f'_+(x_0)$；

当 $f'_-(x_0) \neq f'_+(x_0)$ 时，$f(x)$ 在 $x = x_0$ 处不可导.

例 设 $f(x) = \begin{cases} \dfrac{2}{3}x^3, & x > 1, \\ x^2, & x \leqslant 1, \end{cases}$ 则 $f(x)$ 在 $x = 1$ 处（　　）.

A. 左、右导数均存在且相等

B. 左、右导数均存在但不相等

C. 左导数不存在，右导数存在

D. 左导数存在，右导数不存在

解 因为 $f'_-(1) = \lim\limits_{x \to 1^-} \dfrac{f(x) - f(1)}{x - 1} = \lim\limits_{x \to 1^-} \dfrac{x^2 - 1}{x - 1} = 2$,

$$f'_+(1) = \lim\limits_{x \to 1^+} \dfrac{f(x) - f(1)}{x - 1} = \lim\limits_{x \to 1^+} \dfrac{\dfrac{2}{3}x^3 - 1}{x - 1} = \infty,$$

所以 $f(x) = \begin{cases} \dfrac{2}{3}x^3, & x > 1, \\ x^2, & x \leqslant 1 \end{cases}$ 在点 $x = 1$ 处左导数存在，右导数不存在.

故应选 D.

> **【名师点拨】**判别可导性时，先判别连续性，若 $f(x)$ 在 x_0 处不连续，则必不可导. 本题中由于 $f(1) = 1$，$\lim\limits_{x \to 1^-} f(x) = \lim\limits_{x \to 1^-} \dfrac{2}{3}x^2 = \dfrac{2}{3} \neq f(1)$，所以 $f(x)$ 在 $x = 1$ 处不是右连续的，所以不存在右导数. 本解法在客观题求解中非常方便.

考点三　导数几何意义的应用

【方法归纳】根据导数的几何意义，要求切线方程和法线方程，需要先求导函数，再求出切点处的导数值，得到切线斜率，而法线斜率为切线斜率（非零）的负倒数，再利用直线的点斜式方程求出切线方程和法线方程.

例 1 曲线 $y = x^2 + x$ 在点 $(1, 2)$ 处的切线斜率为（　　）.

A. -3　　　　　　B. 2　　　　　　C. 3　　　　　　D. 5

解 因为 $y' = 2x + 1$，$y'(1) = 3$，所以在点 $(1, 2)$ 处切线斜率为 3. 故应选 C.

> **【名师点拨】** $f'(x_0)$ 在几何上表示曲线 $y = f(x)$ 在点 $(x_0, f(x_0))$ 处的切线斜率.

例 2 曲线 $y = 2\sin x + x^2$ 上横坐标 $x = 0$ 处的切线方程为（　　）.

A. $x - y = 0$　　　B. $x - y = 1$　　　C. $2x - y = 0$　　　D. $2x - y = 1$

解 因为 $y' = (2\sin x + x^2)' = 2\cos x + 2x$，于是 $y'(0) = 2$. 又因为 $y(0) = 0$，代入切线方程得 $y = 2x$，即 $2x - y = 0$. 故应选 C.

例 3 曲线 $y = x^2 + 6x + 4$ 在 $x = -2$ 处的法线方程是 _____.

解　切点为 $(-2,-4)$，$y'=2x+6$，$y'(-2)=2$，所以法线斜率为 $k=-\dfrac{1}{2}$. 由点斜式可得

法线方程为 $y+4=-\dfrac{1}{2}(x+2)$，即 $x+2y+10=0$. 故应填 $x+2y+10=0$.

> **【名师点拨】**求曲线 $y=f(x)$ 在点 $(x_0,f(x_0))$ 处的法线方程时，应先求出 $f'(x_0)$，然
>
> 后代入法线方程 $y-y_0=-\dfrac{1}{f'(x_0)}(x-x_0)$（注：$f'(x_0)\neq0$）；若求曲线 $y=f(x)$ 在点
>
> $x=x_0$ 处的法线方程时，需要通过函数表达式 $y=f(x)$ 先求 y_0，然后代入法线方程即可.

例 4　设 $f(x)$ 是可导的偶函数，且 $\lim\limits_{h\to0}\dfrac{f(1-2h)-f(1)}{h}=2$，则曲线 $y=f(x)$ 在点

$x=-1$ 处法线方程的斜率为 _____.

解　由于 $f(x)$ 是可导的偶函数，故 $f(-x)=f(x)$.

于是　　　$2=\lim\limits_{h\to0}\dfrac{f(1-2h)-f(1)}{h}=\lim\limits_{h\to0}\dfrac{f(-1+2h)-f(-1)}{h}=2f'(-1)$，

所以 $f'(-1)=1$，即在点 $x=-1$ 处的切线斜率为 1. 故应填 -1.

> **【名师点拨】**本题也可以利用结论"可导的偶函数的导数为奇函数"进行求解，由已知
>
> 条件 $\lim\limits_{h\to0}\dfrac{f(1-2h)-f(1)}{h}=2$ 易得 $f'(1)=-1$，故 $f'(-1)=1$. 注：结论可以利用复合函
>
> 数求导的法则证明.

考点四　可导与连续的关系

1. 判断函数 $f(x)$ 在某点的连续性与可导性

【方法归纳】对极限、连续、可导及可微这些概念和关系的理解，现总结如下：

(1) 函数 $f(x)$ 在某点极限存在，在此点未必连续；

(2) 函数 $f(x)$ 在某点连续，在此点未必可导；

(3) 函数 $f(x)$ 在某点可导与可微是等价的；

(4) 函数 $f(x)$ 在某点可导，必在此点连续；

(5) 函数 $f(x)$ 在某点连续，必在此点存在极限；

(6) 函数 $f(x)$ 在某点不连续，必在此点不可导.

例 1　函数 $f(x)$ 在点 x_0 可导是 $f(x)$ 在点 x_0 连续的 _____ 条件（充分、必要、充要）.

解　根据可导与连续的关系可知可导是连续的充分条件.

故应填充分.

例 2　设 $f(x)=\begin{cases}x\,\mathrm{e}^{\frac{1}{x}},&x\neq0,\\0,&x=0,\end{cases}$ 则 $f(x)$ 在 $x=0$ 处（　　）.

A. 极限不存在　　　　B. 极限存在但不连续　　　　C. 连续但不可导　　　　D. 可导

解 因为 $\lim\limits_{x\to 0^+}x\,\mathrm{e}^{\frac{1}{x}}\xlongequal{\frac{1}{x}=t}\lim\limits_{t\to +\infty}\dfrac{\mathrm{e}^t}{t}=\lim\limits_{t\to +\infty}\mathrm{e}^t=+\infty$，故 $\lim\limits_{x\to 0^+}x\,\mathrm{e}^{\frac{1}{x}}$ 不存在. 故应选 A.

2. 已知分段函数 $f(x)$ 在分界点可导求参数

例 设函数 $f(x)=\begin{cases} x^2, & x\leqslant 1, \\ ax+b, & x>1 \end{cases}$ 在 $x=1$ 处可导，求 a,b 的值.

解 因为 $f(x)$ 在 $x=1$ 处可导，所以 $f(x)$ 在 $x=1$ 处连续.

$\lim\limits_{x\to 1^-}f(x)=\lim\limits_{x\to 1^+}f(x)=f(1)$，解得 $a+b=1$.

$f'_-(1)=\lim\limits_{x\to 1^-}\dfrac{f(x)-f(1)}{x-1}=\lim\limits_{x\to 1^-}\dfrac{x^2-1}{x-1}=\lim\limits_{x\to 1^-}(x+1)=2,$

$f'_+(1)=\lim\limits_{x\to 1^+}\dfrac{f(x)-f(1)}{x-1}=\lim\limits_{x\to 1^+}\dfrac{ax+b-1}{x-1}=\lim\limits_{x\to 1^+}\dfrac{a}{1}=a.$

因为 $f(x)$ 在 $x=1$ 处可导，故 $f'_+(1)=f'_-(1)$，即 $a=2$，从而解得 $b=-1$.

> **【名师点拨】**解此类问题的基本思路是：根据分段函数在其分界点处的性质来确定所含常数的值. 若已知函数在其分界点可导，则在该点连续，即分界点处既左连续又右连续；而在分界点的导数则按导数定义或者左右导数的定义求导.

真题解析

考点一 导数的定义

【真题1】（2019 财经类）若函数 $f(x)$ 在 x_0 处可导，则极限 $\lim\limits_{\Delta x\to 0}\dfrac{f(x_0+3\Delta x)-f(x_0)}{\Delta x}$ 可表示为（　　）.

A. $-f'(x_0)$ 　　 B. $3f'(x_0)$ 　　 C. $\dfrac{1}{3}f'(x_0)$ 　　 D. $-3f'(x_0)$

解 根据导数定义，$\lim\limits_{\Delta x\to 0}\dfrac{f(x_0+3\Delta x)-f(x_0)}{\Delta x}=3\lim\limits_{\Delta x\to 0}\dfrac{f(x_0+3\Delta x)-f(x_0)}{3\Delta x}=3f'(x_0)$. 故应选 B.

【真题2】（2017 工商管理）设 $f(x)=x^2$，则 $\lim\limits_{\Delta x\to 0}\dfrac{f(a)-f(a-\Delta x)}{\Delta x}=$（　　）.

A. $2a$ 　　 B. $-2a$ 　　 C. a 　　 D. a^2

解 根据导数的定义知，

$\lim\limits_{\Delta x\to 0}\dfrac{f(a)-f(a-\Delta x)}{\Delta x}=\lim\limits_{\Delta x\to 0}\dfrac{f(a-\Delta x)-f(a)}{-\Delta x}=f'(a)=2a,$

故应选 A.

考点二 导数几何意义的应用

【真题1】（2021 高数三）求 $y=\arctan(1+x)$ 在点 $\left(0,\dfrac{\pi}{4}\right)$ 处的切线方程和法线方程.

解　因为 $y'=[\arctan(1+x)]'=\dfrac{1}{1+(1+x)^2}$，所以在点 $\left(0,\dfrac{\pi}{4}\right)$ 处切线斜率为 $y'(0)=\dfrac{1}{2}$，故

切线方程为 $y-\dfrac{\pi}{4}=\dfrac{1}{2}(x-0)$，即 $y=\dfrac{1}{2}x+\dfrac{\pi}{4}$，

法线方程为 $y-\dfrac{\pi}{4}=-2(x-0)$，即 $y=-2x+\dfrac{\pi}{4}$.

【真题2】（2020 **高数三**）曲线 $y=2\ln x+1$ 在点 $(1,1)$ 处的切线斜率 $k=$ _____.

解　因为 $y'=\dfrac{2}{x}$，故 $k=y'\big|_{x=1}=\dfrac{2}{x}\Big|_{x=1}=2$. 故应填 2.

【真题3】（2019 **财经类**）函数 $y=\sqrt{2x}$ 在 $x=1$ 处的切线方程为（　　）.

A. $y-\sqrt{2}=\dfrac{\sqrt{2}}{2}(x-1)$

B. $y-\sqrt{2}=\sqrt{2}(x-1)$

C. $y-\sqrt{2}=-\dfrac{\sqrt{2}}{2}(x-1)$

D. $y-\sqrt{2}=-\sqrt{2}(x-1)$

解　当 $x=1$ 时，$y=\sqrt{2}$，故曲线过点 $(1,\sqrt{2})$，又根据导数的几何意义有 $y=\sqrt{2x}$ 在点 $(1,\sqrt{2})$ 处的切线斜率 $k=y'(1)=\dfrac{\sqrt{2}}{2\sqrt{x}}\big|_{x=1}=\dfrac{\sqrt{2}}{2}$，于是切线方程为 $y-\sqrt{2}=\dfrac{\sqrt{2}}{2}(x-1)$. 故应选 A.

考点三　可导与连续的关系

【真题1】（2019 **财经类**）函数 $f(x)=|x-1|$ 在点 $x=1$ 处（　　）.

A. 不连续　　　　B. 有水平切线　　　　C. 连续但不可导　　　　D. 可微

解　根据函数连续的定义有 $\lim\limits_{x\to1^-}(x-1)=\lim\limits_{x\to1^-}(1-x)=f(1)=0$，故 $f(x)$ 在点 $x=1$ 处连续；根据导数的定义有 $f'_+(1)=\lim\limits_{x\to1^+}\dfrac{x-1}{x-1}=1,f'_-(1)=\lim\limits_{x\to1^-}\dfrac{-x+1}{x-1}=-1$，由于 $f'_+(1)\neq f'_-(1)$，故 $f(x)$ 在点 $x=1$ 处不可导. 故应选 C.

【真题2】（2017 **交通**）设 $f(x)=\begin{cases}x\cos\dfrac{2}{x}, & x>0,\\[2mm] 2x^2, & x\leqslant0,\end{cases}$ 则 $f(x)$ 在 $x=0$ 处（　　）.

A. 极限不存在　　　　　　　　　　B. 极限存在但不连续

C. 连续但不可导　　　　　　　　　D. 可导

解　因为 $\lim\limits_{x\to0^-}2x^2=0,\lim\limits_{x\to0^+}x\cos\dfrac{2}{x}=0$，所以函数在 $x=0$ 连续，

又因为 $\lim\limits_{x\to0^-}\dfrac{2x^2-0}{x}=\lim\limits_{x\to0^-}2x=0,\lim\limits_{x\to0^+}\dfrac{x\cos\dfrac{2}{x}-0}{x}=\lim\limits_{x\to0^+}\cos\dfrac{2}{x}$ 不存在，

所以函数在 $x=0$ 点连续但不可导. 故应选 C.

【真题3】（2015 **会计、国贸、电商**，2010 **会计**）函数 $f(x)$ 在点 x_0 处连续是 $f(x)$ 在该点可导的（　　）.

A. 充分非必要条件　　　　　　　　B. 必要非充分条件

C. 充要条件　　　　　　　　　　　D. 既非充分条件又非必要条件

解　函数在一点可导,一定在该点连续,但连续不一定可导.故应选 B.

◆------------------ 📖 考 纲 解 读 📖 ------------------◆

一、最新大纲要求

1. 理解导数的概念及几何意义.

2. 会求平面曲线上某点的切线方程和法线方程.

3. 理解函数的可导性与连续性之间的关系.

二、本节方法综述

1. 利用导数的定义式求极限或已知某增量之比形式的极限求某点的导数是常考题型. 可以总结为以下题型:

(1) 函数 $f(x)$ 在 $x=x_0$ 可导且 $f'(x_0)=A$,求 $\lim\limits_{h\to 0}\dfrac{f(x_0+ah)-f(x_0+bh)}{h}$.

其中 A,a,b 为常数且 a,b 不同时为零.

$$\lim\limits_{h\to 0}\dfrac{f(x_0+ah)-f(x_0+bh)}{h}=\lim\limits_{h\to 0}\left[a\dfrac{f(x_0+ah)-f(x_0)}{ah}-b\dfrac{f(x_0+bh)-f(x_0)}{bh}\right]$$
$$=(a-b)f'(x_0)=(a-b)A.$$

(2) 已知 $\lim\limits_{h\to 0}\dfrac{f(x_0+ah)-f(x_0+bh)}{h}=A,a,b$ 是不同为零的常数,则 $f'(x_0)=\dfrac{A}{a-b}$.

在函数 $f(x)$ 在 $x=x_0$ 可导的前提下,直接使用结论,可以快速求得结果,起到事半功倍的效果.

2. $f'(x_0)$ 在几何上表示曲线 $y=f(x)$ 在点 $M(x_0,f(x_0))$ 处的切线斜率.

曲线 $y=f(x)$ 在点 M 处的**切线方程**为 $y-y_0=f'(x_0)(x-x_0)$;

曲线 $y=f(x)$ 在点 M 处的**法线方程**为 $y-y_0=-\dfrac{1}{f'(x_0)}(x-x_0)$(注:$f'(x_0)\neq 0$).

若 $f'(x_0)=0$,则 $y=f(x)$ 在 M 处的**切线方程**为 $y=y_0$;**法线方程**为 $x=x_0$.

【注意】两条直线平行并且斜率存在,则两条直线的斜率相等.

第二节　函数和、差、积、商的求导法则及复合函数的导数

◆------------------ 📖 基 本 知 识 📖 ------------------◆

一、函数和、差、积、商的求导法则

定理 2.2.1　如果函数 $u=u(x)$ 及 $v=v(x)$ 在点 x 处可导,则 $u(x)\pm v(x)$、$u(x)\cdot v(x)$、$\dfrac{u(x)}{v(x)}(v(x)\neq 0)$ 在点 x 处也可导,且

(1) $[u(x)\pm v(x)]'=u'(x)\pm v'(x)$;

(2) $[u(x) \cdot v(x)]' = u'(x) \cdot v(x) + u(x) \cdot v'(x)$；

(3) $[Cu(x)]' = Cu'(x)$，（C 为常数）；

(4) $\left[\dfrac{u(x)}{v(x)}\right]' = \dfrac{u'(x) \cdot v(x) - u(x) \cdot v'(x)}{v^2(x)}$.

定理中的(1) 可推广至有限个可导函数的代数和求导，即
$$[u_1(x) \pm u_2(x) \pm \cdots \pm u_m(x)]' = u'_1(x) \pm u'_2(x) \pm \cdots \pm u'_m(x).$$

定理中的(2) 可推广至三个可导函数相乘的求导情形，即若 $u(x)$、$v(x)$、$w(x)$ 可导，则有 $(uvw)' = u'vw + uv'w + uvw'$，也可以推广到有限个函数乘积求导.

定理中的(4) 是商的求导公式 $\left[\dfrac{u(x)}{v(x)}\right]'$，特别地，若 $u(x)=1$，则有 $\left[\dfrac{1}{v(x)}\right]' = -\dfrac{v'(x)}{v^2(x)}$.

二、反函数的求导法则

定理 2.2.2　如果 $x=\varphi(y)$ 是直接函数，在区间 I_y 内单调、可导，且 $\varphi'(y) \neq 0$，那么它的反函数 $y=f(x)$ 在对应的区间 I_x 内也可导，并且 $f'(x) = \dfrac{1}{\varphi'(y)}$ 或 $\dfrac{\mathrm{d}y}{\mathrm{d}x} = \dfrac{1}{\dfrac{\mathrm{d}x}{\mathrm{d}y}}$.

即反函数的导数等于直接函数导数的倒数（注：本定理了解即可）.

三、复合函数的求导法则

定理 2.2.3　如果 $u=\varphi(x)$ 在点 x 处可导，而 $y=f(u)$ 在对应点 $u=\varphi(x)$ 处可导，那么复合函数 $y=f[\varphi(x)]$ 在点 x 处可导，并且
$$\frac{\mathrm{d}y}{\mathrm{d}x} = f'(u) \cdot \varphi'(x) = f'[\varphi(x)] \cdot \varphi'(x) \qquad \text{或} \qquad \frac{\mathrm{d}y}{\mathrm{d}x} = \frac{\mathrm{d}y}{\mathrm{d}u} \cdot \frac{\mathrm{d}u}{\mathrm{d}x}.$$

复合函数的求导法则亦称链式法则，这个法则可以推广到多个中间变量的情形.

推广　设 $y=f(u)$，$u=\varphi(v)$，$v=\psi(x)$，则复合函数 $y=f\{\varphi[\psi(x)]\}$ 对 x 的导数
$$\frac{\mathrm{d}y}{\mathrm{d}x} = f'(u) \cdot \varphi'(v) \cdot \psi'(x) \qquad \text{或} \qquad \frac{\mathrm{d}y}{\mathrm{d}x} = \frac{\mathrm{d}y}{\mathrm{d}u} \cdot \frac{\mathrm{d}u}{\mathrm{d}v} \cdot \frac{\mathrm{d}v}{\mathrm{d}x}.$$

四、基本初等函数的求导公式

1. $(C)' = 0$（C 为常数）；

2. $(x^\alpha)' = \alpha x^{\alpha-1}$，特别地：$(\sqrt{x})' = \dfrac{1}{2\sqrt{x}}$，$\left(\dfrac{1}{x}\right)' = -\dfrac{1}{x^2}$；

3. $(\log_a x)' = \dfrac{1}{x \ln a}$，特别地：$(\ln x)' = \dfrac{1}{x}$；

4. $(a^x)' = a^x \ln a$，特别地：$(\mathrm{e}^x)' = \mathrm{e}^x$；

5. $(\sin x)' = \cos x$；　　　　　　　　　6. $(\cos x)' = -\sin x$；

7. $(\tan x)' = \dfrac{1}{\cos^2 x} = \sec^2 x$；　　　8. $(\cot x)' = -\dfrac{1}{\sin^2 x} = -\csc^2 x$；

9. $(\sec x)' = \sec x \tan x$；　　　　　　10. $(\csc x)' = -\csc x \cot x$；

11. $(\arcsin x)' = \dfrac{1}{\sqrt{1-x^2}}$；　　　12. $(\arccos x)' = -\dfrac{1}{\sqrt{1-x^2}}$；

13. $(\arctan x)' = \dfrac{1}{1+x^2}$；　　　　14. $(\operatorname{arccot} x)' = -\dfrac{1}{1+x^2}$.

------------------------------ 📖 考 点 解 读 📖 ------------------------------

在专升本考试中,本节主要考查以下内容:

1. 函数和、差、积、商的求导法则.

2. 复合函数的求导法则.

本部分内容主要是考查学生对求导法则的掌握,特别是复合函数的求导法则,在专升本考试中直接考查函数的求导计算较少,但本部分是学习后续知识的基础,因此需要考生加强练习,提高计算能力,为后续隐函数求导、积分运算以及多元函数的微分法学习奠定基础.

考点一　函数和、差、积、商的求导法则

【方法归纳】 需要对基本初等函数的导数公式和基本求导法则熟练掌握,灵活运用.

例 1　若 $f(x) = e^{-x} \cos x$,则 $f'(0) = ($　　$)$.

A. 0　　　　　　　　B. 1　　　　　　　　C. -1　　　　　　　　D. -2

解　由 $f'(x) = -e^{-x} \cos x - e^{-x} \sin x$ 得 $f'(0) = -e^{-0} \cos 0 - e^{-0} \sin 0 = -1$.

故应选 C.

例 2　已知 $y = (\sin x + \cos x) \ln x + \sin \dfrac{\pi}{2}$,求 y'.

解　$y' = [(\sin x + \cos x) \ln x]' + (\sin \dfrac{\pi}{2})' = (\sin x + \cos x)' \ln x + (\sin x + \cos x) \dfrac{1}{x} + 0$

$\quad = (\cos x - \sin x) \ln x + (\sin x + \cos x) \dfrac{1}{x}$.

> **【名师点拨】** 本题考查基本初等函数的求导公式. 求导中要注意 $\sin \dfrac{\pi}{2}$ 是常数函数,其导数为零.

考点二　复合函数的求导法则

1. 具体函数使用复合函数求导法则求导

【方法归纳】 首先要明确复合函数是由几层简单函数复合而成,在逐层求导后,再利用链式法则将各层导数相乘.

例 1　已知 $y = 2^{\tan \frac{1}{x}}$,求 $\dfrac{dy}{dx}$.

解　$y' = (2^{\tan \frac{1}{x}})' = 2^{\tan \frac{1}{x}} \cdot \ln 2 \cdot \sec^2 \dfrac{1}{x} \cdot (-\dfrac{1}{x^2}) = -\dfrac{\ln 2}{x^2} \cdot 2^{\tan \frac{1}{x}} \cdot \sec^2 \dfrac{1}{x}$.

> **【名师点拨】** 本题考查基本复合函数的求导问题,首先要明确复合函数是由几层简单函数复合而成,然后逐层求导. 复合函数 $y = 2^{\tan \frac{1}{x}}$ 共分三层:$y = 2^u$,$u = \tan v$,$v = \dfrac{1}{x}$,然后利用链式法则将各层导数相乘.

例 2 设 $y = (x + e^{-\frac{x}{2}})^{\frac{2}{3}}$，则 $y'|_{x=0} = $ _____.

解 $y' = \frac{2}{3}(x + e^{-\frac{x}{2}})^{-\frac{1}{3}} \cdot (1 - \frac{1}{2}e^{-\frac{x}{2}})$，$y'|_{x=0} = \frac{2}{3} \cdot 1 \cdot \frac{1}{2} = \frac{1}{3}$. 故应填 $\frac{1}{3}$.

【名师点拨】求函数在某点处的导数时，需要先求出函数的导函数，再将该点代入. 该题在求导函数时用到了复合函数求导和导数的加法法则.

2. 求导四则运算法则与复合函数求导法则的综合运用

例 1 设 $y = \sin\frac{2x}{1+x^2}$，求 $\frac{dy}{dx}$.

解 $\frac{dy}{dx} = \cos\frac{2x}{1+x^2} \cdot \left(\frac{2x}{1+x^2}\right)' = \cos\frac{2x}{1+x^2} \cdot \frac{2(1+x^2) - 2x \cdot 2x}{(1+x^2)^2} = \frac{2(1-x^2)}{(1+x^2)^2}\cos\frac{2x}{1+x^2}$.

【名师点拨】本题考查复合函数求导. 利用链式法则求导时，内层函数 $\frac{2x}{1+x^2}$ 求导又用到导数的除法法则：$\left[\frac{u(x)}{v(x)}\right]' = \frac{u'(x) \cdot v(x) - u(x) \cdot v'(x)}{v^2(x)}$，需灵活运用各类公式.

例 2 已知 $y = e^{3x}\cos^2 x + \sin\frac{\pi}{3}$，求 y'.

解 $y' = 3e^{3x}\cos^2 x - 2e^{3x}\cos x \sin x = 3e^{3x}\cos^2 x - e^{3x}\sin 2x$.

【名师点拨】需正确区分函数 $y = \cos^2 x$ 和 $y = \cos x^2$ 这两个复合函数的导数，分别为 $(\cos^2 x)' = 2\cos x \cdot (\cos x)' = -2\cos x \sin x$，$(\cos x^2)' = -\sin x^2 \cdot (x^2)' = -2x \sin x^2$.

例 3 设 $y = \arctan e^x - \ln\sqrt{\frac{e^{2x}}{e^{2x}+1}}$，则 $\frac{dy}{dx}\Big|_{x=1} = $ _____.

解 $y = \arctan e^x - \frac{1}{2}\ln e^{2x} + \frac{1}{2}\ln(e^{2x}+1) = \arctan e^x - x + \frac{1}{2}\ln(e^{2x}+1)$

故 $\frac{dy}{dx} = \frac{e^x}{1+e^{2x}} - 1 + \frac{e^{2x}}{e^{2x}+1} = \frac{e^x-1}{e^{2x}+1}$，从而 $\frac{dy}{dx}\Big|_{x=1} = \frac{e-1}{e^2+1}$. 故应填 $\frac{e-1}{e^2+1}$.

【名师点拨】对于复杂的初等函数，在求导数前需要先化简再求导，可以简化运算. 该题中的 $\ln\sqrt{\frac{e^{2x}}{e^{2x}+1}}$ 部分，先利用对数函数的性质进行化简，再用复合函数求导公式进行求解.

$$\ln\sqrt{\frac{e^{2x}}{e^{2x}+1}} = \ln\left(\frac{e^{2x}}{e^{2x}+1}\right)^{\frac{1}{2}} = \frac{1}{2}\ln\left(\frac{e^{2x}}{e^{2x}+1}\right) = \frac{1}{2}\ln e^{2x} - \frac{1}{2}\ln(e^{2x}+1)$$

$$= \ln e^x - \frac{1}{2}\ln(e^{2x}+1) = x - \frac{1}{2}\ln(e^{2x}+1).$$

3. 抽象函数使用复合函数求导法则求导

【方法归纳】对于抽象复合函数的求导,依旧利用复合函数的链式法则逐层求导,关键是理解记号的意义. 如对 $y=f[\varphi(x)]$ 而言,$(f[\varphi(x)])'$ 表示 y 对 x 求导,$f'[\varphi(x)]$ 表示对 $\varphi(x)$ 求导. 故 $y'=(f[\varphi(x)])'=f'[\varphi(x)]\varphi'(x)$.

例 1 设 $f(x)$ 可导,$y=f(\cos x)$,则 $\dfrac{dy}{dx}=$ (   ).

A. $f'(\cos x)\sin x$ B. $f'(\cos x)\cos x$

C. $-f'(\cos x)\cos x$ D. $-f'(\cos x)\sin x$

解 $\dfrac{dy}{dx}=f'(\cos x)\cdot(\cos x)'=-\sin x f'(\cos x)$. 故应选 D.

【名师点拨】该题考查抽象复合函数求导. 对于 $y=f(\cos x)$,令 $u=\cos x$,则由复合函数求导的链式法则,得 $\dfrac{dy}{dx}=\dfrac{dy}{du}\cdot\dfrac{du}{dx}=f'(u)\cdot(-\sin x)=-\sin x f'(\cos x)$.

例 2 若 $f(x)$ 可导,求函数 $y=3^{f(\sqrt{x})}$ 的导数.

解 利用复合函数的求导公式得

$$y'=3^{f(\sqrt{x})}\cdot\ln 3\cdot\left[f(\sqrt{x})\right]'=3^{f(\sqrt{x})}\cdot\ln 3\cdot f'(\sqrt{x})(\sqrt{x})'=\dfrac{\ln 3}{2\sqrt{x}}\cdot 3^{f(\sqrt{x})}f'(\sqrt{x}).$$

【名师点拨】复合函数 $y=3^{f(\sqrt{x})}$ 分解为 $y=3^u$,$u=f(v)$,$v=\sqrt{x}$,然后利用链式法则逐层求导.

------------------------------ 📖 真题解析 📖 ------------------------------

考点一 函数和、差、积、商的求导法则

【真题 1】(2020 高数三) $\left(\dfrac{\cos x}{x}\right)'=$ (   ).

A. $\sin x$ B. $-\sin x$ C. $\dfrac{x\sin x+\cos x}{x^2}$ D. $\dfrac{-x\sin x-\cos x}{x^2}$

解 由商的求导法则可得 $\left(\dfrac{\cos x}{x}\right)'=\dfrac{-x\sin x-\cos x}{x^2}$,故应选 D.

【真题 2】(2009 会计) 设函数 $f(x)=x\sin x$,则 $f'\left(\dfrac{\pi}{2}\right)=$ (   ).

A. 0 B. -1 C. 1 D. $\dfrac{\pi}{2}$

解 $f'(x)=\sin x+x\cos x$,$f'\left(\dfrac{\pi}{2}\right)=\sin\dfrac{\pi}{2}+\dfrac{\pi}{2}\cos\dfrac{\pi}{2}=1$. 故应选 C.

【名师点拨】本题类型是已知函数,求函数在某点处的导数.需要先求出函数的导数,再将点代入求值.需熟记导数的乘法法则$[u(x) \cdot v(x)]' = u'(x) \cdot v(x) + u(x) \cdot v'(x)$.

考点二　复合函数的求导法则

【真题1】(2020 高数三) 已知函数$y = x^2 \ln(2x+1)$,求$\dfrac{dy}{dx}\Big|_{x=1}$.

解　$\dfrac{dy}{dx} = 2x\ln(2x+1) + \dfrac{2x^2}{2x+1}$,所以$\dfrac{dy}{dx}\Big|_{x=1} = 2\ln3 + \dfrac{2}{3}$.

【真题2】(2017 国贸) 已知函数$y = \ln(x + \sqrt{a^2 + x^2})$,求$y'$.

解　$y' = \dfrac{1}{x + \sqrt{a^2 + x^2}}(x + \sqrt{a^2 + x^2})' = \dfrac{1}{x + \sqrt{a^2 + x^2}}(1 + \dfrac{x}{\sqrt{a^2 + x^2}})$

$= \dfrac{1}{x + \sqrt{a^2 + x^2}} \cdot \dfrac{x + \sqrt{a^2 + x^2}}{\sqrt{a^2 + x^2}} = \dfrac{1}{\sqrt{a^2 + x^2}}$.

【名师点拨】本题是复合函数求导的综合题目.先利用复合函数求导的链式法则,在内层函数的求导中又再次用到了导数的四则运算法则和链式法则.重点是要分清复合函数的层次关系,不增不漏.$y = \ln(x + \sqrt{a^2 + x^2})$可分解为$y = \ln u, u = x + \sqrt{a^2 + x^2}$两层函数.而内层函数$u = x + \sqrt{a^2 + x^2}$中的$\sqrt{a^2 + x^2}$这一部分,又是一个复合函数,求导时要细心.

【真题3】(2017 会计) 已知函数$y = e^{\sin x} + \ln(1 + \sqrt{x})$,求$y'$.

解　$y' = (e^{\sin x})' + [\ln(1 + \sqrt{x})]' = e^{\sin x} \cdot \cos x + \dfrac{(1 + \sqrt{x})'}{1 + \sqrt{x}} = e^{\sin x} \cdot \cos x + \dfrac{1}{2(x + \sqrt{x})}$.

【真题4】(2016 土木)$y = 3(1 - 2x)^3$的导数$\dfrac{dy}{dx} = $_____.

解　$y' = 9(1 - 2x)^2 \cdot (-2) = -18(1 - 2x)^2$.故应填$-18(1 - 2x)^2$.

📖 **考 纲 解 读** 📖

一、最新大纲要求

1.熟练掌握导数的四则运算法则.

2.熟练掌握复合函数的求导法则.

3.熟练掌握基本初等函数的导数公式.

二、本节方法综述

1.熟练掌握基本初等函数的求导公式

常函数的导数	1. $C' = 0$	
幂函数的导数	2. $(x^\mu)' = \mu x^{\mu-1}$ 常用的：$(\frac{1}{x})' = -\frac{1}{x^2}$;	$(\sqrt{x})' = \frac{1}{2\sqrt{x}}$
指数函数的导数	3. $(a^x)' = a^x \ln a$	4. $(e^x)' = e^x$
对数函数的导数	5. $(\log_a x)' = \frac{1}{x \ln a}$	6. $(\ln x)' = \frac{1}{x}$
三角函数的导数	7. $(\sin x)' = \cos x$ 9. $(\tan x)' = \sec^2 x$ 11. $(\sec x)' = \sec x \tan x$	8. $(\cos x)' = -\sin x$ 10. $(\cot x)' = -\csc^2 x$ 12. $(\csc x)' = -\csc x \cot x$
反三角函数的导数	13. $(\arcsin x)' = \frac{1}{\sqrt{1-x^2}}$ 15. $(\arctan x)' = \frac{1}{1+x^2}$	14. $(\arccos x)' = -\frac{1}{\sqrt{1-x^2}}$ 16. $(\text{arctan} x)' = -\frac{1}{1+x^2}$

2. 函数和、差、积、商的求导法则

(1) $(u \pm v)' = u' \pm v'$;

(2) $(u \cdot v)' = u' \cdot v + u \cdot v'$, 特别地：$(cu)' = cu'(c$ 为常数$)$;

(3) $(\frac{u}{v})' = \frac{u' \cdot v - u \cdot v'}{v^2}(v \neq 0)$.

3. 计算复合函数的导数，关键是弄清复合函数的构造，即该函数是由哪些基本初等函数或简单函数经过怎样的过程复合而成的. 求导时，要按复合次序由外向内一层一层求导，直至对自变量求导数为止.

4. 对于抽象函数的求导，关键是理解记号的意义. 如对 $y = f[\varphi(x)]$ 而言，$(f[\varphi(x)])'$ 表示 y 对 x 求导，$f'[\varphi(x)]$ 表示对 $\varphi(x)$ 求导. 故 $y' = (f[\varphi(x)])' = f'[\varphi(x)]\varphi'(x)$.

第三节　隐函数的导数

基本知识

一、隐函数的导数

1. 显函数

如果把因变量 y 直接表示成自变量 x 的表达式的形式，即 $y = f(x)$ 的形式，这种函数叫**显函数**. 例如，$y = \sin 5x$，$y = x^3 - 4x^2 + 5$ 等都是显函数.

2. 隐函数

由方程 $F(x,y)=0$ 确定的 y 是 x 的函数, x 与 y 的关系不便于或者无法用 $y=f(x)$ 的形式来表示的函数称为**隐函数**. 例如 $x^2+y^2=r^2$, $xy-x+e^y=0$ 等. 对于隐函数, 有的能化成显函数, 有的化起来是很困难的, 甚至是不可能的. 为此我们需要讨论隐函数的求导法则.

求导方法:

(1) 将 $F(x,y)=0$ 两端同时对 x 求导, 其左式在求导过程中将变量 y 看作 x 的函数;

(2) 求导得到一个关于 y' 的方程, 解此方程得到 y' 的表达式, 在该表达式中允许含有 y.

【注意】隐函数求导法本质上是复合函数求导法则的使用.

二、对数求导法

对数求导法主要解决下面两种情形的函数求导数:

1. 幂指函数 $y=[u(x)]^{v(x)}$ (其中 $u(x)$, $v(x)$ 都是可导函数, 且 $u(x)>0$).

【注意】幂指函数 $y=[u(x)]^{v(x)}=e^{v(x)\ln u(x)}$, 故也可使用复合函数求导法则求导.

2. 多个因式进行乘除运算、乘方、开方运算得到的函数.

对于这两类函数, 我们通常采用对数求导法, 具体步骤为:

(1) 对等式两端同取自然对数, 转化为隐函数;

(2) 利用隐函数求导方法求出它的导数.

考点解读

隐函数求导是专升本考试中的典型题型, 对许多学生来讲却是比较抽象的, 学习本部分知识时需在熟练掌握复合函数求导的基础上进行学习和练习.

考点一 隐函数的导数

【方法归纳】隐函数求导的步骤

(1) 将 $F(x,y)=0$ 两端同时对 x 求导, 其左式在求导过程中将变量 y 看作 x 的函数, 用复合函数求导法则求导;

(2) 求导后得到一个关于 y' 的方程, 解此方程得到 y' 的表达式, 在该表达式中允许含有 y.

例 1 求由方程 $x^2+2xy-y^2-2x=0$ 确定的隐函数 $y=y(x)$ 的导数.

解 方程两边对 x 求导, 得 $2x+2(y+xy')-2yy'-2=0$,

解得 $$y'=\frac{1-x-y}{x-y}.$$

例 2 设方程 $e^{xy}+y^2=\cos x$ 确定 y 为 x 的函数, 则 $\dfrac{dy}{dx}=($).

A. $\dfrac{ye^{xy}+\sin x}{xe^{xy}+2y}$　　　　B. $-\dfrac{e^{xy}+\sin x}{xe^{xy}+2y}$　　　　C. $\dfrac{e^{xy}+\sin x}{xe^{xy}+2y}$　　　　D. $-\dfrac{ye^{xy}+\sin x}{xe^{xy}+2y}$

解 方程两端关于 x 求导,得 $e^{xy}(y+x\dfrac{dy}{dx})+2y\dfrac{dy}{dx}=-\sin x$,

整理得 $\dfrac{dy}{dx}=-\dfrac{ye^{xy}+\sin x}{xe^{xy}+2y}$. 故应选 D.

例 3 由方程 $x^2+xy+y^2=4$ 确定 y 是 x 的函数,求其曲线上点 $(2,-2)$ 处的切线方程.

解 在方程两边同时对 x 求导,得 $2x+y+xy'+2yy'=0$

解出 y' 得 $y'=-\dfrac{2x+y}{x+2y}$,由 $y'\Big|_{\substack{x=2\\y=-2}}=1$,得点 $(2,-2)$ 处的切线方程为

$y-(-2)=1\cdot(x-2)$,即 $y=x-4$.

【名师点拨】本题属于利用导数的几何意义求曲线的切线方程问题. 需要先求导数,利用隐函数求导法求出 y',将切点坐标代入求出切线斜率,进而求出切线方程.

考点二 对数求导法

【方法归纳】对于 $y=u(x)^{v(x)}$ 型函数及由乘除、乘方、开方混合运算所构成的函数求导,可使用对数求导法,计算步骤:

(1) 对方程两边同时取自然对数,化显函数为隐函数;

(2) 利用对数的性质进行整理化简,然后使用隐函数求导法进行求解,并注意结果回代.

例 1 已知 $y=x^{\sin x}$,$x>0$,用对数求导法求 y'.

解 方程两边同取对数可得 $\ln y=\sin x\ln x$,

两边同时对 x 求导,得 $\dfrac{y'}{y}=\cos x\ln x+\dfrac{\sin x}{x}$,

整理得 $y'=y(\cos x\ln x+\dfrac{\sin x}{x})$,即 $y'=x^{\sin x}(\cos x\ln x+\dfrac{\sin x}{x})$.

【名师点拨】此题还可以将函数变为复合指数函数 $y=e^{v(x)\ln u(x)}$,然后使用复合函数求导法则求解:

$y'=(x^{\sin x})'=(e^{\sin x\ln x})'=e^{\sin x\ln x}(\cos x\ln x+\dfrac{\sin x}{x})=x^{\sin x}(\cos x\ln x+\dfrac{\sin x}{x})$.

例 2 函数 $y=\dfrac{(2x+3)^4\cdot\sqrt{x+6}}{\sqrt[3]{2x+1}}$,用对数求导法求 y'.

解 两边同取对数,得 $\ln y=4\ln(2x+3)+\dfrac{1}{2}\ln(x+6)-\dfrac{1}{3}\ln(2x+1)$,

方程两边对 x 求导得 $\dfrac{1}{y}\cdot y'=\dfrac{8}{2x+3}+\dfrac{1}{2(x+6)}-\dfrac{2}{3(2x+1)}$,

所以 $y'=\dfrac{(2x+3)^4\cdot\sqrt{x+6}}{\sqrt[3]{2x+1}}\cdot\left[\dfrac{8}{2x+3}+\dfrac{1}{2(x+6)}-\dfrac{2}{3(2x+1)}\right]$.

【名师点拨】由乘除、乘方、开方混合运算所构成的函数,计算步骤为:方程两边先取自然对数变显函数为隐函数,并且充分利用对数的性质将函数中的乘、除、乘方、开方运算变成和、差、积的形式,使得后面的求导运算变得简单. 最终结果注意回代.

例3 方程 $\sqrt[x]{y} = \sqrt[y]{x}\,(x>0,y>0)$ 确定函数 $y=f(x)$,求 $\dfrac{\mathrm{d}y}{\mathrm{d}x}$.

解 方程可以变形为 $y^{\frac{1}{x}} = x^{\frac{1}{y}}$,

方程两边同时取自然对数,得 $\dfrac{1}{x}\ln y = \dfrac{1}{y}\ln x$,即 $y\ln y = x\ln x$,

在方程两边同时对 x 求导,得 $\dfrac{\mathrm{d}y}{\mathrm{d}x}\cdot\ln y + y\cdot\dfrac{1}{y}\cdot\dfrac{\mathrm{d}y}{\mathrm{d}x} = \ln x + x\cdot\dfrac{1}{x}$,

整理得 $(1+\ln y)\dfrac{\mathrm{d}y}{\mathrm{d}x} = 1 + \ln x$,即 $\dfrac{\mathrm{d}y}{\mathrm{d}x} = \dfrac{1+\ln x}{1+\ln y}$.

【名师点拨】该类题目需要先变形为幂指函数 $y = u(x)^{v(x)}$ 的形式,再对两边取对数,从而去掉指数,然后利用隐函数求导法求导. 该题应**注意**:取完对数后,要将商式变形为乘积的形式,然后使用求导法则中的乘积的求导法则,而避免使用商的求导法则,因为相比较而言,乘积的求导法则的使用不容易出错.

📖 **真题解析** 📖 ----------------------

考点一　隐函数的导数

【真题1】 (2021 **高数三**) 设函数 $y=y(x)$ 由方程 $\mathrm{e}^{x^2 y} = x - y$ 确定,求 y'.

解 方程两边同时对 x 求导得,$\mathrm{e}^{x^2 y}(2xy + x^2 y') = 1 - y'$,

整理可得 $y' = \dfrac{1 - 2xy\mathrm{e}^{x^2 y}}{1 + x^2 \mathrm{e}^{x^2 y}}$.

【真题2】 (2021 **高数二**) 曲线 $xy + \ln y - 1 = 0$ 在点 $(1,1)$ 处的法线方程是 _____.

解 方程两边对 x 求导得　$y + xy' + \dfrac{1}{y}y' = 0$,

解得　$y' = -\dfrac{y^2}{xy+1}$,将 $(1,1)$ 代入得　$y'\Big|_{(1,1)} = -\dfrac{1}{2}$,

则法线方程为　$y - 1 = 2(x-1)$,即　$2x - y - 1 = 0$. 故应填 $2x - y - 1 = 0$.

【真题3】 (2020 **高数三**) 设 $y=y(x)$ 是由方程 $\mathrm{e}^y = x - y$ 所确定的隐函数,则 $y' = (\quad)$.

　A. $\mathrm{e}^y + 1$ 　　　　　B. $1 - \mathrm{e}^y$ 　　　　　C. $\dfrac{1}{\mathrm{e}^y + 1}$ 　　　　　D. $\dfrac{1}{1 - \mathrm{e}^y}$

解 方程两边对 x 求导得　$\mathrm{e}^y\cdot y' = 1 - y'$,解之得 $y' = \dfrac{1}{\mathrm{e}^y + 1}$. 故应选 C.

考点二　对数求导法

【真题1】（2021高数三）已知 $y=(2+x^2)^x$，则 $y'=$（　　）.

A. $(2+x^2)^x\left[\ln(2+x^2)+\dfrac{2x^2}{2+x^2}\right]$　　　　B. $2x^2(2+x^2)^{x-1}$

C. $\ln(2+x^2)+\dfrac{x^2}{2+x^2}$　　　　D. $(2+x^2)^x\left[\ln(2+x^2)+\dfrac{x}{2+x^2}\right]$

解　两边同取对数得 $\ln y=x\ln(2+x^2)$，

上式两边同时对 x 求导得 $\dfrac{y'}{y}=\ln(2+x^2)+\dfrac{2x^2}{2+x^2}$，

整理得 $y'=(2+x^2)^x\left[\ln(2+x^2)+\dfrac{2x^2}{2+x^2}\right]$. 故应选 A.

【真题2】（2011计算机）求函数 $y=\left(\dfrac{x}{1+x}\right)^x$（$x>0$）的导数.

解　两边取对数，得 $\ln y=x\left[\ln x-\ln(1+x)\right]$，

两边对 x 求导数，得　$\dfrac{1}{y}y'=\ln\left(\dfrac{x}{1+x}\right)+x\left[\dfrac{1}{x}-\dfrac{1}{1+x}\right]=\ln\left(\dfrac{x}{1+x}\right)+\dfrac{1}{1+x}$，

所以　　$\dfrac{\mathrm{d}y}{\mathrm{d}x}=\left(\dfrac{x}{1+x}\right)^x\left[\ln\left(\dfrac{x}{1+x}\right)+\dfrac{1}{1+x}\right]$.

【名师点拨】 对于函数 $y=u(x)^{v(x)}$，（$u(x)>0$）求导，有两种方法：

（1）对数求导法：两边取对数，$\ln y=v(x)\ln u(x)$；

（2）公式变形法：变形为复合指数函数 $y=\mathrm{e}^{v(x)\ln u(x)}$.

📖 考纲解读 📖

一、最新大纲要求

1.掌握隐函数求导法.

2.掌握对数求导法.

二、本节方法综述

1.欲求由方程 $F(x,y)=0$ 所确定的隐函数 $y=f(x)$ 的导数，要把方程中的 x 看作自变量，而将 y 视为 x 的函数，方程中关于 y 的函数便是 x 的复合函数，用复合函数的求导法则，便可得到关于 y' 的一次方程，从中解出 y' 即为所求.

2.求隐函数 $y=f(x)$ 在 x_0 处的导数 $y'|_{x=x_0}$ 时，通常由原方程解出相应的 y_0，然后将 (x_0,y_0) 一起代入 y' 的表达式中，便可求得 $y'|_{x=x_0}$.

3.对数求导法常用于下列两类函数求导：（1）形如 $[u(x)]^{v(x)}$ 的幂指函数；（2）由多个因式乘除、乘方、开方混合运算所构成的函数，计算步骤是先取对数，再求导数.

【注意】 幂指函数求导数还可以恒等变形为复合函数，利用复合函数求导法则.

第四节　高阶导数

------------------------------ 基本知识 ------------------------------

一、高阶导数的概念

定义 2.4.1　若函数 $y=f(x)$ 的导函数 $y=f'(x)$ 在点 x_0 可导,则称 $y=f'(x)$ 在点 x_0 的导数为函数 $y=f(x)$ 在 x_0 的**二阶导数**,记作 $f''(x_0)$,即 $f''(x_0)=\lim\limits_{\Delta x \to 0}\dfrac{f'(x_0+\Delta x)-f'(x_0)}{\Delta x}$,同时称函数 $f(x)$ 在 x_0 **二阶可导**.

若 $y=f(x)$ 在区间 I 内每一点都是二阶可导,则得到一个定义在区间 I 的二阶导函数,记作:y''、$f''(x)$、$\dfrac{\mathrm{d}^2 y}{\mathrm{d}x^2}$,$x \in I$.

同理,可定义 $y=f(x)$ 在点 x 的三阶导数 y'''、$f'''(x)$、$\dfrac{\mathrm{d}^3 y}{\mathrm{d}x^3}$;以及四阶导数 $y^{(4)}$、$f^{(4)}(x)$、$\dfrac{\mathrm{d}^4 y}{\mathrm{d}x^4}$;一般地,可由 $f(x)$ 的 $n-1$ 阶导函数 $f^{(n-1)}$ 定义 $f(x)$ 在点 x 的 n **阶导函数**(或简称 n 阶导数)$y^{(n)}$、$f^{(n)}(x)$、$\dfrac{\mathrm{d}^n y}{\mathrm{d}x^n}$.

二阶及二阶以上的导数统称为函数的高阶导数,函数 $y=f(x)$ 在 x_0 的 n 阶导数记作

$$f^{(n)}(x_0),y^{(n)}\Big|_{x=x_0} \quad 或 \dfrac{\mathrm{d}^n y}{\mathrm{d}x^n}\Big|_{x=x_0}.$$

二、高阶导数的运算法则

若函数 $u=u(x)$,$v=v(x)$ 在 x 点处具有 n 阶导数,则 $u(x)\pm v(x)$、$Cu(x)$(C 为常数)在 x 点处具有 n 阶导数,且 $(u\pm v)^{(n)}=u^{(n)}\pm v^{(n)}$,$(Cu)^{(n)}=Cu^{(n)}$.

------------------------------ 考点解读 ------------------------------

在专升本考试中,本节主要考查函数二阶导数的计算.

考点一　求函数的二阶导数

【方法归纳】求二阶导数 y'',必须先求一阶导数 y',再求 y' 对 x 的导数.

例 1　设 $f(x)=\mathrm{e}^{-x}\sin x$,求 y''.

解　$y'=-\mathrm{e}^{-x}\sin x+\mathrm{e}^{-x}\cos x=\mathrm{e}^{-x}(-\sin x+\cos x)$,

$y''=-\mathrm{e}^{-x}(-\sin x+\cos x)+\mathrm{e}^{-x}(-\cos x-\sin x)=-2\mathrm{e}^{-x}\cos x$.

例 2　设 $y=\ln\sqrt{1+x^2}$,则 $y''=$ _____.

解　因为 $y=\ln\sqrt{1+x^2}=\dfrac{1}{2}\ln(1+x^2)$,所以 $y'=\dfrac{x}{1+x^2}$,

$y''=\left(\dfrac{x}{1+x^2}\right)'=\dfrac{1+x^2-2x^2}{(1+x^2)^2}=\dfrac{1-x^2}{(1+x^2)^2}$. 故应填 $\dfrac{1-x^2}{(1+x^2)^2}$.

例 3 设 $y = \sin^4 x - \cos^4 x$,求 y''.

解 对函数进行因式分解,并化简得

$y = \sin^4 x - \cos^4 x = (\sin^2 x - \cos^2 x)(\sin^2 x + \cos^2 x) = \sin^2 x - \cos^2 x = -\cos 2x$,

$y' = 2\sin 2x$,故 $y'' = 4\cos 2x$.

考点二　求函数在某点处的二阶导数值

【方法归纳】 求函数的二阶导数值,需先求出导函数,再代入自变量求值即可.

例 设 $y = \ln \dfrac{2-x}{2+x}$,则 $y'' \Big|_{x=1} = $ _____.

解 $y' = \left(\ln \dfrac{2-x}{2+x}\right)' = \dfrac{2+x}{2-x} \cdot \left(\dfrac{2-x}{2+x}\right)' = \dfrac{4}{x^2-4}$, $y'' = \dfrac{-8x}{(x^2-4)^2}$,

则 $y''(1) = -\dfrac{8}{9}$. 故应填 $-\dfrac{8}{9}$.

📖 **真题解析** 📖

考点　求函数的二阶导数

【真题 1】 (2021 高数三) $f(x) = 2^x + x + 3$,则 $f''(x) = $ _____.

解 由题意知,$f'(x) = (2^x + x + 3)' = 2^x \ln 2 + 1$,$f''(x) = 2^x \cdot \ln^2 2$.

故应填 $2^x \cdot \ln^2 2$.

【真题 2】 (2020 高数三) 已知函数 $f(x) = e^{2x}$,则 $f''(x) = $ _____.

解 因为 $f'(x) = 2e^{2x}$,所以 $f''(x) = 4e^{2x}$. 故应填 $4e^{2x}$.

【真题 3】 (2019 机械、交通、电气、电子、土木) 求函数 $y = e^{2x}\sin 3x$ 的一阶及二阶导数.

解 $\dfrac{dy}{dx} = e^{2x}(2\sin 3x + 3\cos 3x)$,

$\dfrac{d^2 y}{dx^2} = \dfrac{d}{dx}\left(\dfrac{dy}{dx}\right) = \dfrac{d}{dx}\left[e^{2x}(2\sin 3x + 3\cos 3x)\right] = e^{2x}(-5\sin 3x + 12\cos 3x)$.

📖 **考纲解读** 📖

一、最新大纲要求

1. 了解高阶导数的概念.

2.会求简单函数的二阶导数.

二、本节方法综述

高阶导数主要以考查二阶导数为主,根据高阶导数的定义可知,要求二阶导数 y'',必须先求一阶导数 y',然后再对一阶导数 y' 继续求 x 的导数.

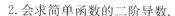

第五节　微分及其应用

基本知识

一、微分的定义

1. 引例(受热金属片面积的改变量)

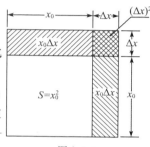

图 2.5.1

如图 2.5.1 所示,一个正方形金属片受热后,其边长由 x_0 变化到 $x_0+\Delta x$,问此时金属片的面积改变了多少.

设此正方形金属片的边长为 x,面积为 S,则 S 是 x 的函数: $S(x)=x^2$.正方形金属片面积的改变量,可以看成是当自变量 x 在 x_0 取得增量 Δx 时,函数 S 相应的增量 ΔS,即 $\Delta S=(x_0+\Delta x)^2-x_0^2=2x_0\Delta x+(\Delta x)^2$.

从上式可以看出, ΔS 分成两部分:第一部分 $2x_0\Delta x$ 是 Δx 的线性函数,即图 2.5.1 中带有斜线的两个矩形面积之和;而第二部分 $(\Delta x)^2$ 在图中是带有交叉斜线的小正方形的面积.

当 $\Delta x\to 0$ 时,第二部分 $(\Delta x)^2$ 是比 Δx 高阶的无穷小,即 $(\Delta x)^2=o(\Delta x)$.由此可见,如果边长改变很微小,即 $|\Delta x|$ 很小时,面积函数 $S(x)=x^2$ 的改变量 ΔS 可近似地用第一部分 $2x_0\Delta x$ 来代替,而 $2x_0=(x^2)'|_{x=x_0}$.这种近似代替具有一般性,下面给出微分的定义.

2. 微分的定义

定义 2.5.1　设函数 $y=f(x)$ 在 x_0 的某邻域 $U(x_0)$ 内有定义, $x_0+\Delta x\in U(x_0)$,如果函数的增量 $\Delta y=f(x_0+\Delta x)-f(x_0)$,可表示为

$$\Delta y=A\Delta x+o(\Delta x),\tag{2.5.1}$$

其中 A 是不依赖于 Δx 的常数, $o(\Delta x)$ 是比 Δx 高阶的无穷小,则称函数 $y=f(x)$ 在点 x_0 处**可微**,而 $A\Delta x$ 称为 $y=f(x)$ 在点 x_0 处的**微分**,记为 $\mathrm{d}y|_{x=x_0}$,即 $\mathrm{d}y|_{x=x_0}=A\Delta x$.

显然,微分有两个特点:一是 $A\Delta x$ 是 Δx 的线性函数;二是 Δy 与它的差 $\Delta y-A\Delta x=o(\Delta x)$ 是比 Δx 高阶的无穷小 $(\Delta x\to 0)$.因此微分 $A\Delta x$ 为 Δy 的线性主要部分,当 $A\neq 0$ 时,且 $|\Delta x|$ 很小时,就可以用 Δx 的线性函数 $A\Delta x$ 来近似代替 Δy.

下面给出函数在一点可微的充分必要条件.

定理 2.5.1　函数 $y=f(x)$ 在点 x_0 处可微的**充分必要条件**是该函数在点 x_0 处可导,且 $\mathrm{d}y|_{x=x_0}=f'(x_0)\Delta x$.

即函数 $f(x)$ 在点 x_0 处可微与可导是等价的,并且函数 $f(x)$ 在点 x_0 的微分可表示为

$$\mathrm{d}y|_{x=x_0}=f'(x_0)\Delta x.\tag{2.5.2}$$

例　求函数 $y=x^3$ 当 $x_0=2,\Delta x=0.02$ 时的微分.

解　由 $y'=3x^2$,当 $x_0=2,\Delta x=0.02$ 时, $\mathrm{d}y|_{x=2}=3\cdot 2^2\cdot 0.02=0.24$.

如果函数 $f(x)$ 对于区间 (a,b) 内每一点 x 处都可微,则称函数 $f(x)$ 在区间 (a,b) 上可微. 函数 $f(x)$ 在区间 (a,b) 上的微分记为 $dy = f'(x)\Delta x$.

通常把自变量 x 的改变量 Δx 称为**自变量的微分**,记作 dx,即 $dx = \Delta x$. 则在任意点 x 处函数的微分 $dy = f'(x)\Delta x = f'(x)dx$.

从微分的定义 $dy = f'(x)dx$ 可以推出,函数的导数就是函数的微分与自变量的微分之商,即 $f'(x) = \dfrac{dy}{dx}$,因此导数又叫"**微商**".

在 x 处,$\Delta y = dy + o(\Delta x)$,当 $\Delta x \to 0$ 时,函数的增量 Δy 主要取决于第一部分 dy 的大小,可记为 $\Delta y \approx dy$ 或 $\Delta y \approx f'(x)dx$.

二、微分的几何意义

如图 2.5.2 所示,在曲线 $y = f(x)$ 上取点 $M(x,y)$ 及 $M'(x+\Delta x, y+\Delta y)$,过点 M 作曲线 $y = f(x)$ 的切线 MT,从图上可以看出 $\Delta x = MN$,$\Delta y = NM'$,于是 $NT = \tan\alpha \cdot \Delta x = f'(x)\Delta x = dy$. 因此,函数 $y = f(x)$ 的微分 dy 就是过 $M(x,y)$ 点的切线的纵坐标的改变量. 图中线段 TM' 是 Δy 与 dy 之差,它是 Δx 的高阶无穷小量.

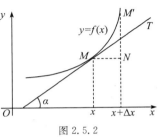

图 2.5.2

三、微分的运算法则

1. 基本初等函数的微分公式

求函数 $y = f(x)$ 的微分 dy,只要求出导数 $f'(x)$,再乘上 dx 即可,结合求导公式和法则,可得微分公式与法则. 为了便于记忆,列出对照表 2.5.1(其中 C 为常数,$a > 0$,$a \neq 1$).

表 2.5.1　基本初等函数的导数与微分公式

导　数　公　式	微　分　公　式
$(C)' = 0$	$dC = 0$
$(x^\alpha)' = \alpha x^{\alpha-1}$	$d(x^\alpha) = \alpha x^{\alpha-1}dx$
$(\sin x)' = \cos x$	$d(\sin x) = \cos x\,dx$
$(\cos x)' = -\sin x$	$d(\cos x) = -\sin x\,dx$
$(\tan x)' = \dfrac{1}{\cos^2 x} = \sec^2 x$	$d(\tan x) = \dfrac{1}{\cos^2 x}dx = \sec^2 x\,dx$
$(\cot x)' = -\csc^2 x$	$d(\cot x) = -\csc^2 x\,dx$
$(\sec x)' = \sec x \tan x$	$d(\sec x) = \sec x \tan x\,dx$
$(\csc x)' = -\csc x \cot x$	$d(\csc x) = -\csc x \cot x\,dx$
$(a^x)' = a^x \ln a$	$d(a^x) = a^x \ln a\,dx$
$(e^x)' = e^x$	$d(e^x) = e^x\,dx$
$(\log_a x)' = \dfrac{1}{x \ln a}$	$d(\log_a x) = \dfrac{1}{x \ln a}dx$

$(\ln x)' = \dfrac{1}{x}$	$\mathrm{d}(\ln x) = \dfrac{1}{x}\mathrm{d}x$
$(\arcsin x)' = \dfrac{1}{\sqrt{1-x^2}}$	$\mathrm{d}(\arcsin x) = \dfrac{1}{\sqrt{1-x^2}}\mathrm{d}x$
$(\arccos x)' = -\dfrac{1}{\sqrt{1-x^2}}$	$\mathrm{d}(\arccos x) = -\dfrac{1}{\sqrt{1-x^2}}\mathrm{d}x$
$(\arctan x)' = \dfrac{1}{1+x^2}$	$\mathrm{d}(\arctan x) = \dfrac{1}{1+x^2}\mathrm{d}x$
$(\operatorname{arccot}x)' = -\dfrac{1}{1+x^2}$	$\mathrm{d}(\operatorname{arccot}x) = -\dfrac{1}{1+x^2}\mathrm{d}x$

2. 微分法则

表 2.5.2 函数和、差、积、商的导数与微分法则

函数和、差、积、商的求导法则	函数和、差、积、商的微分法则
$(u \pm v)' = u' \pm v'$	$\mathrm{d}(u \pm v) = \mathrm{d}u \pm \mathrm{d}v$
$(uv)' = u'v + uv'$	$\mathrm{d}(uv) = v\mathrm{d}u + u\mathrm{d}v$
$(Cu)' = Cu'$	$\mathrm{d}(Cu) = C\mathrm{d}u$
$\left(\dfrac{u}{v}\right)' = \dfrac{u'v - uv'}{v^2}$	$\mathrm{d}\left(\dfrac{u}{v}\right) = \dfrac{v\mathrm{d}u - u\mathrm{d}v}{v^2}(v \neq 0)$

3. 复合函数的微分法则

我们知道对于复合函数有相应的求导法则,那么复合函数的微分具有什么特点?

如果函数 $y = f(u)$ 对 u 是可导的,那么

(1) 当 u 是自变量时,此时函数的微分为 $\mathrm{d}y = f'(u)\mathrm{d}u$;

(2) 当 u 不是自变量,而是 $u = \varphi(x)$ 为 x 的可导函数时,则 y 为 x 的复合函数. 由复合函数的求导法则,y 对 x 的导数为 $\dfrac{\mathrm{d}y}{\mathrm{d}x} = f'(u)\varphi'(x)$,于是 $\mathrm{d}y = f'(u)\varphi'(x)\mathrm{d}x = f'(u)\mathrm{d}u$.

由此可见,对于函数 $y = f(u)$ 来说,不论 u 是自变量,还是中间变量,它的微分形式同样都是 $\mathrm{d}y = f'(u)\mathrm{d}u$,这个性质叫微分形式的不变性. 利用这个性质容易求出复合函数的微分.

考点解读

在专升本考试中,本节主要考查以下内容:

1. 微分的概念.

2. 微分的计算.

3. 可微与可导的关系.

微分是一元函数微分学中另一个重要的概念,它指的是当自变量有微小改变时,函数大体上改变了多少,微分的相关知识在专升本考试中也是必考的内容之一.

考点一　微分的定义

【方法归纳】明确函数增量 Δy 与函数微分 $\mathrm{d}y$ 的关系与定义进行相应的计算:

(1) $\Delta y = \mathrm{d}y + o(\Delta x)$,$o(\Delta x)$ 是比 $\Delta x(\Delta x \to 0)$ 高阶的无穷小;

(2) $\mathrm{d}y = f'(x)\Delta x$,函数微分是函数增量的线性主部.

例　设函数 $y = f(x)$ 有 $f'(x_0) = \dfrac{1}{2}$,则当 $\Delta x \to 0$,$f(x)$ 在 $x = x_0$ 处的微分 $\mathrm{d}y$ 是(　　).

A. 与 Δx 等价的无穷小　　　　　　　B. 与 Δx 同阶的但不是等价无穷小

C. 比 Δx 高阶无穷小　　　　　　　　D. 比 Δx 低阶无穷小

解　因 $\lim\limits_{\Delta x \to 0} \dfrac{\mathrm{d}y}{\Delta x} = \lim\limits_{\Delta x \to 0} \dfrac{f'(x_0)\Delta x}{\Delta x} = f'(x_0) = \dfrac{1}{2}$,故当 $\Delta x \to 0$ 时,$\mathrm{d}y$ 是与 Δx 同阶但不等价的无穷小. 故应选 B.

【名师点拨】本题考查微分的定义以及无穷小量的比较两个知识点.

(1) 函数 $y = f(x)$ 在点 x_0 处的微分是 $\mathrm{d}y\big|_{x=x_0} = f'(x_0)\Delta x$,当 $\Delta x \to 0$ 时,$f(x)$ 在 $x = x_0$ 处的微分是一个无穷小量;

(2) 对于两个无穷小量 α、β,若 $\lim \dfrac{\beta}{\alpha} = c \neq 0$,则称 β 与 α 是同阶无穷小.

考点二　求函数的微分

1. 具体函数微分的计算

【方法归纳】(1) 函数在一点处的微分为 $\mathrm{d}y\big|_{x=x_0} = f'(x_0)\Delta x$;

(2) 函数任意点的微分为 $\mathrm{d}y = f'(x)\mathrm{d}x$,先求出函数的导数,再代入公式即可;

(3) 通过微分的四则运算规律,可以从已知微分求得未知微分.

例 1　设 $y = \mathrm{e}^{-x}\cos(3-x)$,则 $\mathrm{d}y = $ _____.

解　$\mathrm{d}y = [\mathrm{e}^{-x}\cos(3-x)]'\mathrm{d}x = \mathrm{e}^{-x}[\sin(3-x) - \cos(3-x)]\mathrm{d}x$.

故应填 $\mathrm{e}^{-x}[\sin(3-x) - \cos(3-x)]\mathrm{d}x$.

【名师点拨】本题也可以用微分的四则运算法则计算:

$\mathrm{d}y = \mathrm{d}(\mathrm{e}^{-x}\cos(3-x)) = \cos(3-x)\,\mathrm{d}\mathrm{e}^{-x} + \mathrm{e}^{-x}\,\mathrm{d}\cos(3-x) = -\cos(3-x)\,\mathrm{e}^{-x}\mathrm{d}x + \mathrm{e}^{-x}\sin(3-x)\mathrm{d}x = \mathrm{e}^{-x}[\sin(3-x) - \cos(3-x)]\mathrm{d}x$

例 2　设 $y = \ln(\sqrt{x} + \mathrm{e}^x\cos x)$,求 $\mathrm{d}y$.

解　$y' = \dfrac{1}{\sqrt{x} + \mathrm{e}^x\cos x}(\sqrt{x} + \mathrm{e}^x\cos x)' = \dfrac{1}{\sqrt{x} + \mathrm{e}^x\cos x}\left[\dfrac{1}{2\sqrt{x}} + \mathrm{e}^x(\cos x - \sin x)\right]$,

则　$\mathrm{d}y = \dfrac{1}{\sqrt{x} + \mathrm{e}^x\cos x}\left[\dfrac{1}{2\sqrt{x}} + \mathrm{e}^x(\cos x - \sin x)\right]\mathrm{d}x$.

【名师点拨】本题考查复合函数的微分,也可以用一阶微分形式的不变性求解如下:

$$d[\ln(\sqrt{x}+e^x\cos x)]=\frac{1}{\sqrt{x}+e^x\cos x}d(\sqrt{x}+e^x\cos x)$$

$$=\frac{1}{\sqrt{x}+e^x\cos x}(\frac{1}{2\sqrt{x}}dx+\cos x\,de^x+e^x\,d\cos x)$$

$$=\frac{1}{\sqrt{x}+e^x\cos x}(\frac{1}{2\sqrt{x}}dx+\cos x\,e^x\,dx-e^x\sin x\,dx)$$

$$=\frac{1}{\sqrt{x}+e^x\cos x}[\frac{1}{2\sqrt{x}}+e^x(\cos x-\sin x)]dx$$

2. 幂指函数求微分

【方法归纳】幂指函数求微分,可以直接利用对数求导法,先对其求导,然后再表示成微分的表达形式.

例 已知 $y=x^{\sin x}$,则 $dy=$ _____.

解 方程两边同取对数,得 $\ln y=\sin x\ln x$,

方程两边同时对 x 求导,得 $\frac{1}{y}y'=\cos x\ln x+\sin x\cdot\frac{1}{x}$,

即 $y'=x^{\sin x}(\cos x\ln x+\frac{\sin x}{x})$,因此 $dy=x^{\sin x}(\cos x\ln x+\frac{\sin x}{x})dx$.

故应填 $x^{\sin x}(\cos x\ln x+\frac{\sin x}{x})dx$.

【名师点拨】本题考查幂指函数求微分,也可以将函数 $y=x^{\sin x}$ 化为复合函数 $y=e^{\sin x\ln x}$ 后,用复合函数求微分的方法求解如下:

$$de^{\sin x\ln x}=e^{\sin x\ln x}d(\sin x\ln x)=e^{\sin x\ln x}(\sin x\,d\ln x+\ln x\,d\sin x)$$

$$=e^{\sin x\ln x}(\frac{\sin x}{x}dx+\ln x\cos x\,dx)=x^{\sin x}(\frac{\sin x}{x}+\ln x\cos x)dx$$

3. 由方程确定的隐函数的微分

【方法归纳】(1) 直接利用隐函数求导法,把方程 $F(x,y)=0$ 中的 y 看作是 x 的函数 $y(x)$,利用复合函数求导法则,方程两端同时对 x 求导,然后解出 y'_x.

(2) 再表示成微分的表达形式 $dy=y'_x dx$.

例 1 求由方程 $\ln\frac{x^2}{y}-xy^2=1$ 确定的函数 $y=y(x)$ 的微分 dy.

解 将原方程变形为 $2\ln x-\ln y-xy^2=1$,

方程两边关于 x 求导,得 $\frac{2}{x}-\frac{y'}{y}-y^2-x\cdot 2yy'=0$,

整理得 $y'=\frac{y(2-xy^2)}{x(1+2xy^2)}$,所以 $dy=y'dx=\frac{y(2-xy^2)}{x(1+2xy^2)}dx$.

例 2 设函数 $y=y(x)$ 有方程 $2^{xy}=x+y$ 所确定,则 $dy|_{x=0}=($ 　　　$)$.

A. ln2－1 　　　　　B. ln2dx 　　　　　C. (ln2＋1)dx 　　　　　D. (ln2－1)dx

解法一 把 $x=0$ 代入 $2^{xy}=x+y$ 得 $y=1$

对方程两端关于 x 求导,得 $2^{xy}\cdot\ln2\cdot(y+xy')=1+y'$.

令 $x=0,y=1$ 得 $y'\big|_{\substack{x=0\\y=1}}=\ln2-1$,所以 $dy\big|_{\substack{x=0\\y=1}}=y'dx\big|_{\substack{x=0\\y=1}}=(\ln2-1)dx$.

故应选 D.

解法二 在方程 $2^{xy}=x+y$ 两端直接求微分,得 $2^{xy}\cdot\ln2\cdot d(xy)=dx+dy$,

整理得 $2^{xy}\cdot\ln2\cdot(ydx+xdy)=dx+dy$,

将 $x=0,y=1$ 代入方程,得 $\ln2dx=dx+dy$,解得 $dy=(\ln2-1)dx$.

4. 抽象函数的微分

【方法归纳】 可以利用抽象复合函数的求导法则,先对其求导,然后再表示成微分的表达形式.

例 若 $f(u)$ 可导,且 $y=f(-x^2)$,则 $dy=($ 　　$)$.

A. $xf'(-x^2)dx$ 　　　　　　　　B. $-2xf'(-x^2)dx$

C. $2f'(-x^2)dx$ 　　　　　　　　D. $2xf'(-x^2)dx$

解 $dy=df(-x^2)=[f(-x^2)]'dx=(-x^2)'f'(-x^2)dx=-2xf'(-x^2)dx$

故应选 B.

-------------------- 真题解析 --------------------

考点一　微分的定义

【真题1】(2015会计、国贸、电商,2010会计)判断题:设函数 $y=f(x)$ 在点 x_0 处可导,则 $y=f(x)$ 在 x_0 处可微. _____.

解 一元函数在一点可导和可微是等价的.故应填正确.

> **【名师点拨】** 函数在点处可微、可导、连续三者的关系:
> (1) 函数 $y=f(x)$ 在点 x_0 处可微与可导是等价的:可微必可导,可导必可微.
> (2) 函数 $y=f(x)$ 在点 x_0 处可导,必在此点连续.
> (3) 函数 $y=f(x)$ 在点 x_0 处连续,未必在此点可导.

【真题2】(2014管理)一元函数中连续是可微的( )条件.

A. 充分 　　　　　B. 必要 　　　　　C. 充要 　　　　　D. 无关

解 一元函数中可微一定连续,连续不一定可微.(一元函数可导和可微是等价的.)

故应选 B.

考点二　求函数的微分

【真题1】(2021高数三)已知 $y=\tan(3x)$,$dy=($ 　　$)$.

A. $3\sec^2(3x)dx$ 　　　　　　　　B. $3\tan(3x)\sec(3x)dx$

C. $\sec^2(3x)dx$ 　　　　　　　　D. $\tan(3x)\sec(3x)dx$

解 $dy = d[\tan(3x)] = 3\sec^2(3x)dx$. 故应选 A.

【真题2】（2020 高数三）函数 $y = x^3 + \sqrt{x}$ 的微分 $dy = ($).

A. $(3x^2 + \dfrac{\sqrt{x}}{2})dx$ B. $(3x^2 + \dfrac{1}{2\sqrt{x}})dx$ C. $(x^2 + \dfrac{\sqrt{x}}{2})dx$ D. $(x^2 + \dfrac{1}{2\sqrt{x}})dx$

解 因为 $y' = 3x^2 + \dfrac{1}{2\sqrt{x}}$，所以 $dy = \left(3x^2 + \dfrac{1}{2\sqrt{x}}\right)dx$. 故应选 B.

【真题3】（2018 财经类）已知函数 $y = x^x$，则 $dy = $ _____.

解 因为 $y = x^x$，所以 $\ln y = x\ln x$，两边同时对 x 求导，得 $\dfrac{y'}{y} = 1 + \ln x$，

即 $y' = y(1 + \ln x) = x^x(1 + \ln x)$，也即 $dy = x^x(1 + \ln x)dx$. 故应填 $x^x(1 + \ln x)dx$.

【真题4】（2016 会计、国贸、电商、工商）设函数 $y = y(x)$ 由方程 $e^{xy} = x - y$ 所确定，求 $dy\big|_{x=0}$.

解 方程两边同时对 x 求导，得 $e^{xy}(y + xy') = 1 - y'$，

整理得 $y' = \dfrac{1 - ye^{xy}}{1 + xe^{xy}}$，所以 $dy = \dfrac{1 - ye^{xy}}{1 + xe^{xy}}dx$，

将 $x = 0$ 代入原方程，得 $y = -1$，因此 $dy\big|_{x=0} = \dfrac{1 + e^0}{1 + 0}dx = 2dx$.

【名师点拨】 计算隐函数 $y = f(x)$ 在 $x = x_0$ 处的微分时，由方程解出相应的 y_0，然后将 (x_0, y_0) 一起代入 y' 的表达式中，便可求得 $dy = y'(x_0)dx$.

考纲解读

一、最新大纲要求

1. 了解微分的概念.

2. 理解微分与导数的关系.

3. 掌握微分运算法则，会求函数的一阶微分.

二、本节方法综述

本节需了解微分的定义和几何意义，理解可微与可导的关系，同时还要掌握微分的计算法则，归纳如下：

1. 函数微分的四则运算法则

(1) $d(u \pm v) = du \pm dv$

(2) $d(uv) = vdu + udv$

(3) $d(Cu) = Cdu$

(4) $d\left(\dfrac{u}{v}\right) = \dfrac{vdu - udv}{v^2}$ $(v \neq 0)$

2. 已知复合函数 $y = f[\varphi(x)]$，则关于 x 微分 $dy = f'[\varphi(x)]d\varphi(x) = f'[\varphi(x)] \cdot \varphi'(x)dx$.

3. 求函数 $y = f(x)$ 的微分 $dy = f'(x)dx$ 的实质是求得导数 $f'(x)$ 后再表示为微分形式即可，但熟练掌握微分的基本公式和复合函数微分法则，对于积分的学习很有帮助.

第三章 微分中值定理及导数的应用

本章需要首先理解微分学的罗尔定理和拉格朗日中值定理,然后熟练掌握洛必达法则,并掌握利用导数来判断函数单调性和求极值、最值的方法.其中最值的应用是本章考查的重点也是难点.

━━━━━━━━━ 📖 **知 识 梳 理** 📖 ━━━━━━━━━

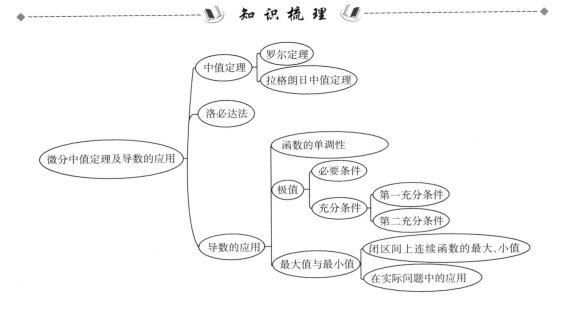

━━━━━━━━━ **第一节 微分中值定理** ━━━━━━━━━

━━━━━━━━━ 📖 **基 本 知 识** 📖 ━━━━━━━━━

一、罗尔定理

定理 3.1.1(罗尔定理) 如果函数 $y = f(x)$ 满足条件:

(1) 在闭区间 $[a,b]$ 上连续;

(2) 在开区间 (a,b) 内可导;

(3) $f(a) = f(b)$;

则在区间 (a,b) 内至少存在一点 ξ,使得 $f'(\xi) = 0$.

罗尔定理的几何意义:如果连续曲线除端点外处处都具有不垂直于 x 轴的切线,且两端点处的纵坐标相等,那么其上至少有一条平行于 x 轴的切线(见图 3.1.1)

定理的三个条件是十分重要的,如果有某一个条件不满足,定理的结论就可能不成立.例如,函数 $f(x)=\begin{cases}1, & x=0, \\ x, & 0<x\leqslant 1\end{cases}$ 不满足条件(1);函数 $f(x)=\mid x\mid$,

$x\in[-1,1]$ 不满足条件(2);函数 $f(x)=x,x\in[0,1]$ 不满足条件

(3),显然,这三个函数在所给区间上没有水平切线.

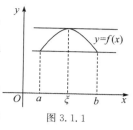

图 3.1.1

　　【注意】罗尔定理的三个条件是充分而非必要条件,即不满足罗尔定理的条件,结论仍然可能成立.如果不满足三个条件中的某一个条件,定理的结论不一定成立.

　　二、拉格朗日中值定理

　　定理 3.1.2(拉格朗日中值定理)　如果函数 $y=f(x)$ 满足下列条件:

　　(1) 在闭区间 $[a,b]$ 上连续;

　　(2) 在开区间 (a,b) 内可导;

　　那么在开区间 (a,b) 内至少存在一点 ξ,使得

$$f(b)-f(a)=f'(\xi)(b-a).$$

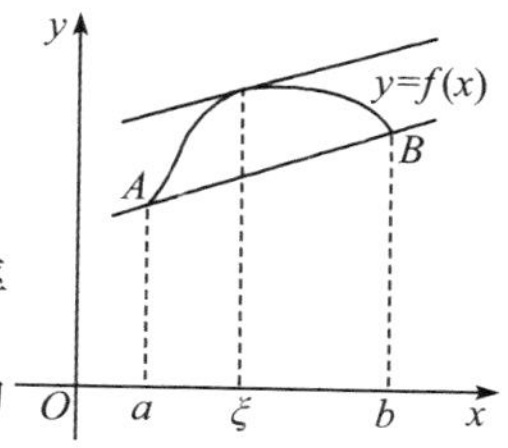

　　定理的几何意义: 在图 3.1.2 中,连接曲线两端点的弦 AB 的斜率

为 $\dfrac{f(b)-f(a)}{b-a}$,显然在曲线上至少存在一点 $C(\xi,f(\xi))$,使过该点的

切线(斜率为 $f'(\xi)$)与弦 AB 平行,即

图 3.1.2

$$f'(\xi)=\frac{f(b)-f(a)}{b-a} \text{ 或 } f(b)-f(a)=f'(\xi)(b-a).$$

　　在拉格朗日中值定理中,如果再增加一个条件:$f(a)=f(b)$,那么定理的结论正是罗尔定理的结论.可见,罗尔定理是拉格朗日中值定理的一种特殊情况.因此,定理的证明就是构造一个辅助函数,使其符合罗尔定理的条件,然后可利用罗尔定理给出证明.

　　推论 1　如果 $f(x)$ 在开区间 (a,b) 内的导数恒为零,那么 $f(x)$ 在区间 (a,b) 内是常数函数.

　　推论 2　如果对于开区间 (a,b) 内的任意 x,总有 $f'(x)=g'(x)$,那么在开区间 (a,b) 内,$f(x)$ 与 $g(x)$ 之差是一个常数,即 $f(x)-g(x)=C(C$ 是常数)

------------------------------ **考点解读** ------------------------------

　　在专升本考试中,本节主要考查以下内容:

　　1. 罗尔定理.

　　2. 拉格朗日中值定理.

考点一　求罗尔定理中的 ξ

　　【方法归纳】 验证中值定理的条件,主要是判断函数的连续性和可导性.

　　(1) 若函数是初等函数,只需要判断其在给定区间内有定义即可;

　　(2) 若函数是分段函数,考虑判断函数在分界点处的连续性与可导性;

　　(3) 若要求满足条件的 ξ 值,则需要求出函数的导函数,从而得到关于导函数的方程进行求解,$\xi\in(a,b)$.

　　例　下列函数中,在区间 $[-1,1]$ 上满足罗尔定理条件的是(　　).

A. $f(x)=\dfrac{1}{\sqrt{1-x^2}}$ B. $f(x)=\sqrt{x^2}$ C. $f(x)=\sqrt[3]{x^2}$ D. $f(x)=x^2+1$

解 选项 A 中 $f(x)=\dfrac{1}{\sqrt{1-x^2}}$ 在 $x=-1$ 和 $x=1$ 点不连续,不满足罗尔定理的条件(1).

选项 B 中 $f(x)=\sqrt{x^2}=|x|=\begin{cases}-x, & x<0,\\ x, & x\geqslant 0,\end{cases}$

于是 $f'_-(0)=\lim\limits_{x\to 0^-}\dfrac{f(x)-f(0)}{x}=\lim\limits_{x\to 0^-}\dfrac{-x-0}{x}=-1$,

$f'_+(0)=\lim\limits_{x\to 0^+}\dfrac{f(x)-f(0)}{x}=\lim\limits_{x\to 0^+}\dfrac{x-0}{x}=1$,函数 $f(x)$ 在 $x=0$ 不可导,不满足罗尔定理的条件(2).

选项 C 中 $f'(0)=\lim\limits_{x\to 0}\dfrac{f(x)-f(0)}{x}=\lim\limits_{x\to 0}\dfrac{\sqrt[3]{x^2}-0}{x}=\infty$,函数 $f(x)=\sqrt[3]{x^2}$ 在 $x=0$ 不可导,不满足罗尔定理的条件(2),容易验证选项 D 正确. 故应选 D.

考点二   求拉格朗日中值定理中的 ξ

例 函数 $f(x)=\ln x$ 在区间 $[1,2]$ 上满足拉格朗日中值公式的 ξ 值.

解 函数 $f(x)=\ln x$ 在区间 $[1,2]$ 上应用拉格朗日中值公式得

$f'(\xi)=\dfrac{\ln 2-\ln 1}{2-1}=\ln 2=\dfrac{1}{\xi}$,解得 $\xi=\dfrac{1}{\ln 2}$.

------------------------------- 📖 真 题 解 析 📖 -------------------------------◆

考点   求中值定理中的 ξ

【真题1】 (2014 机械,2012 电气、会计)对函数 $y=x^3+8$ 在区间 $[0,1]$ 上应用拉格朗日中值定理时,所得中值 ξ 为(   ).

A. 3   B. $\dfrac{1}{\sqrt{3}}$ C. $\dfrac{1}{3}$ D. $-\dfrac{1}{3}$

解 对函数 $y=x^3+8$ 在区间 $[0,1]$ 上应用拉格朗日中值定理得 $f'(\xi)=\dfrac{f(1)-f(0)}{1-0}$,也即 $3\xi^2=\dfrac{(1+8)-8}{1}=1$,所以 $\xi=\dfrac{1}{\sqrt{3}}\in(0,1)$. 故应选 B.

【真题2】 (2009 交通)函数 $f(x)=x^3+2x$ 在区间 $[0,1]$ 上满足拉格朗日中值定理,则 $\xi=\underline{\qquad}$.

解 由拉格朗日中值定理得 $f'(\xi)=\dfrac{f(1)-f(0)}{1-0}$ 即 $3\xi^2+2=\dfrac{(1+2)-0}{1}=3$,解得 $\xi=\dfrac{\sqrt{3}}{3}\in(0,1)$. 故应填 $\dfrac{\sqrt{3}}{3}$.

---------------------------------- 考 纲 解 读 ----------------------------------

一、最新大纲要求

1. 理解罗尔定理、拉格朗日中值定理.

2. 掌握这两个定理的简单应用.

二、本节方法综述

本节主要考查中值定理中 ξ 的计算,此计算的关键在于熟练掌握罗尔定理和拉格朗日中值定理基本内容.

1. 罗尔定理

若函数 $f(x)$ 满足条件:(1) 在闭区间 $[a,b]$ 上连续;(2) 在开区间 (a,b) 内可导;(3) $f(a)=f(b)$,则在 (a,b) 内至少存在一点 $\xi(a<\xi<b)$,使得 $f'(\xi)=0$.

2. 拉格朗日中值定理

若函数 $f(x)$ 满足条件:(1) 在闭区间 $[a,b]$ 上连续;(2) 在开区间 (a,b) 内可导,则在 (a,b) 内至少有一点 $\xi(a<\xi<b)$,使得 $f'(\xi)=\dfrac{f(b)-f(a)}{b-a}$.

【注意】罗尔定理是拉格朗日中值定理的特例,两个中值定理的条件都是充分而非必要条件.

第二节　洛必达法则

如果当 $x \to x_0$(或 $x \to \infty$)时,两个函数 $f(x)$ 和 $F(x)$ 都趋于零或都趋于无穷大,那么极限 $\lim\limits_{\substack{x \to x_0 \\ (x \to \infty)}} \dfrac{f(x)}{F(x)}$ 可能存在,也可能不存在,通常把这类极限叫做**未定式**,记为"$\dfrac{0}{0}$"型或"$\dfrac{\infty}{\infty}$"型.

例如,$\lim\limits_{x \to 0} \dfrac{\sin x}{x}$ 为未定式"$\dfrac{0}{0}$"型,$\lim\limits_{x \to +\infty} \dfrac{\ln x}{x^2}$ 为未定式"$\dfrac{\infty}{\infty}$"型.这类极限的计算通常使用极为简便而且非常重要的方法 —— **洛必达法则**.

---------------------------------- 基 本 知 识 ----------------------------------

求 "$\dfrac{0}{0}$" 型与 "$\dfrac{\infty}{\infty}$" 型未定式的极限,在符合一定条件的情况下,可以先对分子、分母分别求导数再求极限,这种在一定条件下先对分子、分母分别求导后再求极限来确定未定式的值的方法称作洛必达法则.

一、"$\dfrac{0}{0}$"型未定式的洛必达法则

定理 3.2.1　设 $f(x)$、$F(x)$ 在 x_0 的某一去心邻域内有定义,如果

(1) $\lim\limits_{x \to x_0} f(x) = \lim\limits_{x \to x_0} F(x) = 0$;

(2) $f(x)$、$F(x)$ 在 x_0 的某邻域内可导,且 $F'(x) \neq 0$;

(3) $\lim\limits_{x \to x_0} \dfrac{f'(x)}{F'(x)} = A$(或无穷大);

那么 $\lim\limits_{x\to x_0}\dfrac{f(x)}{F(x)}=\lim\limits_{x\to x_0}\dfrac{f'(x)}{F'(x)}=A$（或无穷大）.

以上讨论的是 $x\to x_0$ 时"$\dfrac{0}{0}$"型未定式的洛必达法则,对于 $x\to\infty$ 时"$\dfrac{0}{0}$"型未定式同样适用.

二、"$\dfrac{\infty}{\infty}$"型未定式的洛必达法则

定理 3.2.2 设 $f(x)$、$F(x)$ 在 x_0 的某一去心邻域内有定义,如果

(1) $\lim\limits_{x\to x_0}f(x)=\infty$,$\lim\limits_{x\to x_0}F(x)=\infty$;

(2) $f(x)$、$F(x)$ 在 x_0 的某邻域内可导,且 $F'(x)\neq0$;

(3) $\lim\limits_{x\to x_0}\dfrac{f'(x)}{F'(x)}=A$（或无穷大）;

那么 $\lim\limits_{x\to x_0}\dfrac{f(x)}{F(x)}=\lim\limits_{x\to x_0}\dfrac{f'(x)}{F'(x)}=A$（或无穷大）.

以上讨论的 $x\to x_0$ 时"$\dfrac{\infty}{\infty}$"型未定式的洛必达法则,对于 $x\to\infty$ 时"$\dfrac{\infty}{\infty}$"型未定式同样适用.

三、其他类型的未定式

形如"$0\cdot\infty$""$\infty-\infty$"这样的未定式,可以转化为未定式"$\dfrac{0}{0}$"型或"$\dfrac{\infty}{\infty}$"型未定式,然后使用洛必达法则求极限.

例如:求极限 $\lim\limits_{x\to0^+}x^2\ln x$,这是"$0\cdot\infty$"型未定式,可以采取将 x^2 取倒数后放在分母上的方式进行恒等变形,转化为"$\dfrac{\infty}{\infty}$"型未定式,然后再使用洛必达法则求极限,具体求解过程如下:

$$\lim\limits_{x\to0^+}x^2\ln x\overset{"0\cdot\infty"}{=}\lim\limits_{x\to0^+}\dfrac{\ln x}{\dfrac{1}{x^2}}\overset{"\frac{\infty}{\infty}"}{=}\lim\limits_{x\to0^+}\dfrac{\dfrac{1}{x}}{-\dfrac{2}{x^3}}=-\lim\limits_{x\to0^+}\dfrac{x^2}{2}=0.$$

使用洛必达法则求极限时应**注意**以下几点:

(1) 使用洛必达法则求未定式的值时,要注意将所求极限尽量化简,如使用等价无穷小替换可以简化计算,计算过程中出现极限值不等于零的因式,需先计算出该因式的极限.

(2) 若 $\lim\limits_{\substack{x\to x_0\\(x\to\infty)}}\dfrac{f'(x)}{F'(x)}$ 仍是未定式"$\dfrac{0}{0}$"型或"$\dfrac{\infty}{\infty}$"型,且满足洛必达法则的条件,可以继续使用洛必达法则.

(3) 不满足洛必达法则的条件(不是未定式或极限 $\lim\limits_{\substack{x\to x_0\\(x\to\infty)}}\dfrac{f'(x)}{F'(x)}$ 不存在) 时,不能使用洛必达法则.

例如,求极限 $\lim\limits_{x\to0}\dfrac{x^2\sin\dfrac{1}{x}}{\sin x}$,它是"$\dfrac{0}{0}$"型未定式,如果使用洛必达法则,则有

$$\lim\limits_{x\to0}\dfrac{x^2\sin\dfrac{1}{x}}{\sin x}=\lim\limits_{x\to0}\dfrac{2x\sin\dfrac{1}{x}-\cos\dfrac{1}{x}}{\cos x},$$

显然 $\lim\limits_{x\to 0}\cos\dfrac{1}{x}$ 不存在,等式右边极限既不存在也不为无穷大,不满足洛必达法则的第三个条件,不能使用洛必达法则计算该极限.正确的解法为使用等价无穷小的替换后再用无穷小的性质计算得

$$\lim_{x\to 0}\frac{x^2\sin\dfrac{1}{x}}{\sin x}=\lim_{x\to 0}\frac{x^2\sin\dfrac{1}{x}}{x}=\lim_{x\to 0}x\sin\frac{1}{x}=0.$$

(4) 在某些特殊情况下洛必达法则可能失效,此时应寻求其他解法.

例如求极限 $\lim\limits_{x\to +\infty}\dfrac{\sqrt{1+x^2}}{x}$,它属于"$\dfrac{\infty}{\infty}$"型未定式,如果使用洛必达法则计算,则有

$$\lim_{x\to +\infty}\frac{\sqrt{1+x^2}}{x}\overset{"\frac{\infty}{\infty}"}{=}\lim_{x\to +\infty}\frac{\dfrac{2x}{2\cdot\sqrt{1+x^2}}}{1}=\lim_{x\to +\infty}\frac{x}{\sqrt{1+x^2}}\overset{"\frac{\infty}{\infty}"}{=}\lim_{x\to +\infty}\frac{1}{\dfrac{2x}{2\sqrt{1+x^2}}}=\lim_{x\to +\infty}\frac{\sqrt{1+x^2}}{x}.$$

显然,此时对于该题洛必达法则失效,必须寻求其他解法.正确的解法应为

$$\lim_{x\to +\infty}\frac{\sqrt{1+x^2}}{x}=\lim_{x\to +\infty}\sqrt{\frac{1}{x^2}+1}=1.$$

考点解读

在专升本考试中,本节主要考查以下内容:

1. 直接使用洛必达法则计算 "$\dfrac{0}{0}$" "$\dfrac{\infty}{\infty}$" 型未定式的极限.

2. 将 "$0\cdot\infty$" "$\infty-\infty$" 型未定式转化后使用洛必达法则求极限.

考点一 利用洛必达法则计算 "$\dfrac{0}{0}$" 型未定式

【方法归纳】利用洛必达法则计算 "$\dfrac{0}{0}$" 型未定式是指在符合条件的情况下,可以先对分子、分母分别求导数,再求极限,计算过程中要注意:

1. 洛必达法则可以多次使用,但使用时要注意是否满足洛必达法则的条件.

如果 $\lim\limits_{x\to x_0}\dfrac{f'(x)}{F'(x)}$ 还是 "$\dfrac{0}{0}$" 型未定式,且函数 $f'(x)$ 与 $F'(x)$ 满足基本内容中定理 3.2.1 的条件,则可继续使用洛必达法则,即 $\lim\limits_{x\to x_0}\dfrac{f(x)}{F(x)}=\lim\limits_{x\to x_0}\dfrac{f'(x)}{F'(x)}=\lim\limits_{x\to x_0}\dfrac{f''(x)}{F''(x)}$,以此类推,直到求出所要求的极限.

2. 定理 3.2.1 中,极限过程 $x\to x_0$ 若换成 $x\to x_0^+$,$x\to x_0^-$ 以及 $x\to \infty$,$x\to +\infty$,$x\to -\infty$ 情形的 "$\dfrac{0}{0}$" 型未定式,结论仍然成立.

3. 洛必达法则常与等价无穷小替换结合使用,计算过程中如果可以做等价无穷小的替换,就应先替换,再使用洛必达法则,目的是为了简化计算过程.

例1 求极限 $\lim\limits_{x\to 0}\dfrac{x-\tan x}{x^2(e^x-1)}$.

解　先等价无穷小替换再用洛必达法则得

$$\lim_{x \to 0} \frac{x - \tan x}{x^2(e^x - 1)} = \lim_{x \to 0} \frac{x - \tan x}{x^3} = \lim_{x \to 0} \frac{1 - \sec^2 x}{3x^2} = \lim_{x \to 0} \frac{-\tan^2 x}{3x^2} = \lim_{x \to 0} \frac{-x^2}{3x^2} = -\frac{1}{3}.$$

> **【名师点拨】**计算"$\dfrac{0}{0}$"型未定式的极限,通常与等价无穷小替换结合,当 $x \to 0$ 时, $e^x - 1 \sim x$,然后再使用洛必达法则.

例 2　求极限 $\lim\limits_{x \to 0} \dfrac{\tan x - x}{x^3}$.

解　$\lim\limits_{x \to 0} \dfrac{\tan x - x}{x^3} = \lim\limits_{x \to 0} \dfrac{\sec^2 x - 1}{3x^2} = \lim\limits_{x \to 0} \dfrac{\tan^2 x}{3x^2} = \lim\limits_{x \to 0} \dfrac{x^2}{3x^2} = \dfrac{1}{3}.$

> **【名师点拨】**本题第一步使用洛必达法则,第二步利用三角函数的公式 $\sec^2 x - 1 = \tan^2 x$, 第三步使用了等价无穷小替换. 多个知识点综合运用,合理运用公式会使计算变简单. 利用本题结论可以得出常用的等价无穷小替换 $\tan x - x \sim \dfrac{1}{3} x^3 (x \to 0)$.

考点二　利用洛必达法则计算"$\dfrac{\infty}{\infty}$"型未定式

【方法归纳】利用洛必达法则计算"$\dfrac{\infty}{\infty}$"型未定式极限,具体使用条件参见基本内容中定理 3.2.2,计算方法和注意事项参照考点一的方法归纳.

例 1　求 $\lim\limits_{x \to +\infty} \dfrac{\ln x}{x^a} (a > 0)$.

解　当 $x \to +\infty$ 时,$\ln x \to \infty$,这是"$\dfrac{\infty}{\infty}$"型未定式,使用洛必达法则得

$$\lim_{x \to +\infty} \frac{\ln x}{x^a} \overset{"\frac{\infty}{\infty}"}{=} \lim_{x \to +\infty} \frac{\dfrac{1}{x}}{ax^{a-1}} = \lim_{x \to +\infty} \frac{1}{ax^a} = 0.$$

> **【名师点拨】**我们也可设 $t = \ln x$,则 $x = e^t$,于是 $\lim\limits_{x \to +\infty} \dfrac{\ln x}{x^a} = \lim\limits_{t \to +\infty} \dfrac{t}{e^{at}} = \lim\limits_{t \to +\infty} \dfrac{1}{a e^{at}} = 0.$

例 2　求 $\lim\limits_{x \to +\infty} \dfrac{x^n}{e^x} (n$ 是正整数).

解　这是"$\dfrac{\infty}{\infty}$"型未定式,接连使用洛必达法则 n 次,得

$$\lim_{x \to +\infty} \frac{x^n}{e^x} \overset{"\frac{\infty}{\infty}"}{=} \lim_{x \to +\infty} \frac{nx^{n-1}}{e^x} \overset{"\frac{\infty}{\infty}"}{=} \cdots \overset{"\frac{\infty}{\infty}"}{=} \lim_{x \to +\infty} \frac{n!}{e^x} = 0.$$

对于任意的 $\mu > 0$,同样可以证明 $\lim\limits_{x \to +\infty} \dfrac{x^\mu}{e^x} = 0.$

【名师点拨】例1和例2说明,当 $x \to +\infty$ 时,$\ln x$、x^{μ} 和 e^x 都是无穷大量,但它们增长的速度却有很大的差别,$x^{\mu}(\mu > 0$ 不论多么小$)$ 比 $\ln x$ 快,而 e^x 又比 x^{μ}(不论多么大)更快,所以在描述一个量增长得非常快时,常常说它是"指数型"增长.

考点三 利用洛必达法则计算"$0 \cdot \infty$"型未定式

【方法归纳】"$0 \cdot \infty$"型未定式可以把一个因式改写为倒数恒等变形为"$\frac{0}{0}$"或"$\frac{\infty}{\infty}$"型,然后再利用"$\frac{0}{0}$"或"$\frac{\infty}{\infty}$"型的洛必达法则进行计算.

例 1 求极限 $\lim\limits_{x \to 0^+} x \ln x = $ _____.

解 原式 $= \lim\limits_{x \to 0^+} \dfrac{\ln x}{\dfrac{1}{x}} \overset{"\frac{\infty}{\infty}"}{=\!=\!=} \lim\limits_{x \to 0^+} \dfrac{\dfrac{1}{x}}{-\dfrac{1}{x^2}} = \lim\limits_{x \to 0^+}(-x) = 0.$ 故应填 0.

【名师点拨】若将"$0 \cdot \infty$"型未定式 $\lim\limits_{x \to 0^+} x \ln x$ 变成"$\frac{0}{0}$"型未定式 $\lim\limits_{x \to 0^+} \dfrac{x}{\dfrac{1}{\ln x}}$,将无法用洛必达法则进行计算.这个例子说明,当 $x \to 0^+$ 时,尽管 $\ln x$ 是无穷大量,它与无穷小量 x 的乘积仍是一个无穷小量.

例 2 求极限 $\lim\limits_{x \to \infty} x^2(e^{\frac{1}{x^2}} - 1)$.

解法一 恒等变形后利用洛必达法则可得

$$\lim_{x \to \infty} x^2(e^{\frac{1}{x^2}} - 1) = \lim_{x \to \infty} \frac{e^{\frac{1}{x^2}} - 1}{\dfrac{1}{x^2}} = \lim_{x \to \infty} \frac{e^{\frac{1}{x^2}} \cdot \left(-\dfrac{2}{x^3}\right)}{-\dfrac{2}{x^3}} = \lim_{x \to \infty} e^{\frac{1}{x^2}} = e^{\lim\limits_{x \to \infty} \frac{1}{x^2}} = 1.$$

解法二 利用等价无穷小替换可得

$$\lim_{x \to \infty} x^2(e^{\frac{1}{x^2}} - 1) = \lim_{x \to \infty} x^2 \cdot \frac{1}{x^2} = 1.$$

【名师点拨】"$0 \cdot \infty$"型未定式可转化成"$\frac{0}{0}$"或"$\frac{\infty}{\infty}$"型后使用洛必达法则,巧用等价无穷小替换会使计算量大大减少,比如本题的解法二显然比解法一计算要简单的多.洛必达法则在解决未定式求极限时非常好用,但不一定是最佳的方法,计算极限的方法比较灵活,应根据题目的特点选择最合适的方法.

考点四 利用洛必达法则计算"$\infty - \infty$"型未定式

【方法归纳】计算"$\infty - \infty$"型未定式极限,常用的变形方法有两个——通分和有理化,变形为"$\dfrac{0}{0}$"型或"$\dfrac{\infty}{\infty}$"型,再使用洛必达法则、等价无穷小替换、抓大头等方法进行计算.

例1 求极限 $\lim\limits_{x \to 0}(\dfrac{1}{2x} - \dfrac{1}{e^{2x}-1})$.

解 $\lim\limits_{x \to 0}(\dfrac{1}{2x} - \dfrac{1}{e^{2x}-1}) = \lim\limits_{x \to 0}\dfrac{e^{2x}-1-2x}{2x(e^{2x}-1)} = \lim\limits_{x \to 0}\dfrac{e^{2x}-1-2x}{4x^2}$

$\qquad\qquad = \lim\limits_{x \to 0}\dfrac{2e^{2x}-2}{8x} = \lim\limits_{x \to 0}\dfrac{2e^{2x}}{4} = \dfrac{1}{2}.$

【名师点拨】求"$\infty - \infty$"型的未定式的极限是专升本考试中常考的知识点之一,解题中一般考虑采用通分变形的方法,通分之后一般先考虑能否应用等价无穷小替换,然后运用洛必达法则或者多次连续运用洛必达法则得出结论.

例2 求极限 $\lim\limits_{x \to +\infty}(\sqrt{x^2+x} - x)$.

解法一 $\lim\limits_{x \to +\infty}(\sqrt{x^2+x} - x) = \lim\limits_{x \to +\infty}\dfrac{x^2+x-x^2}{\sqrt{x^2+x}+x} = \lim\limits_{x \to +\infty}\dfrac{x}{\sqrt{x^2+x}+x} \stackrel{\text{``}\frac{\infty}{\infty}\text{''}}{=\!=\!=} \lim\limits_{x \to +\infty}\dfrac{1}{\dfrac{2x+1}{2\sqrt{x^2+x}}+1}$

$\qquad\qquad = \dfrac{1}{\dfrac{2+\dfrac{1}{x}}{2\sqrt{1+\dfrac{1}{x}}}+1} = \dfrac{1}{2}.$

解法二 $\lim\limits_{x \to +\infty}(\sqrt{x^2+x} - x) = \lim\limits_{x \to +\infty}\dfrac{x^2+x-x^2}{\sqrt{x^2+x}+x} = \lim\limits_{x \to +\infty}\dfrac{x}{\sqrt{x^2+x}+x}$

$\qquad\qquad = \lim\limits_{x \to +\infty}\dfrac{1}{\sqrt{1+\dfrac{1}{x}}+1} = \dfrac{1}{2}.$

【名师点拨】解法一将"$\infty - \infty$"型未定式有理化后转化为"$\dfrac{\infty}{\infty}$"型,再使用洛必达法则计算极限,最后利用分子分母同除 x 的最高次幂的方法得到最终结果;解法二是有理化后直接利用分子分母同除 x 的最高次幂的方法得到最终结果.解法二显然优于解法一,因此在"$\infty - \infty$"型无理式有理化转化为"$\dfrac{\infty}{\infty}$"型后,优先选择解法二的解决方案.

例3 求极限 $\lim\limits_{x \to 0}(\dfrac{1}{\sin x} - \dfrac{1}{x})$.

解 $\lim\limits_{x \to 0}(\dfrac{1}{\sin x} - \dfrac{1}{x}) = \lim\limits_{x \to 0}\dfrac{x-\sin x}{x\sin x} = \lim\limits_{x \to 0}\dfrac{x-\sin x}{x^2} = \lim\limits_{x \to 0}\dfrac{1-\cos x}{2x} = \lim\limits_{x \to 0}\dfrac{\dfrac{1}{2}x^2}{x} = 0.$

-------------------------------------- 📖 真题解析 📖 --------------------------------------

考点一　利用洛必达法则计算"$\frac{0}{0}$"型未定式

【真题1】（2021 高数三）求极限 $\lim\limits_{x\to 0}\dfrac{x^3+x^4}{x-\sin x}$.

解　由洛必达法则和等价无穷小替换得

$$\lim\limits_{x\to 0}\dfrac{x^3+x^4}{x-\sin x}=\lim\limits_{x\to 0}\dfrac{3x^2+4x^3}{1-\cos x}=\lim\limits_{x\to 0}\dfrac{3x^2+4x^3}{\frac{x^2}{2}}=\lim(6+8x)=6.$$

【真题2】（2021 高数二）求极限 $\lim\limits_{x\to 0}\dfrac{x^3}{x-\tan x}$.

解　$\lim\limits_{x\to 0}\dfrac{x^3}{x-\tan x}=\lim\limits_{x\to 0}\dfrac{3x^2}{1-\sec^2 x}=3\lim\limits_{x\to 0}\dfrac{x^2}{-\tan^2 x}=-3.$

【真题3】（2020 高数三）求极限 $\lim\limits_{x\to 0}\dfrac{e^x+x-1}{2x}$.

解　$\lim\limits_{x\to 0}\dfrac{e^x+x-1}{2x}=\lim\limits_{x\to 0}\dfrac{e^x+1}{2}=1.$

考点二　利用洛必达法则计算"$\frac{\infty}{\infty}$"型未定式

【真题1】（2021 高数三）极限 $\lim\limits_{x\to +\infty}\dfrac{\sqrt{x-1}}{e^x}=(\quad\quad)$.

A. 0 　　　　　　B. 1 　　　　　　C. 2 　　　　　　D. $+\infty$

解　由洛必达法则知 $\lim\limits_{x\to +\infty}\dfrac{\sqrt{x-1}}{e^x}=\lim\limits_{x\to +\infty}\dfrac{1}{2e^x\sqrt{x-1}}=0.$ 故应选 A.

【真题2】（2020 高数三）极限 $\lim\limits_{x\to +\infty}\dfrac{\ln x}{x+2}=(\quad\quad)$.

A. 0 　　　　　　B. 1 　　　　　　C. 2 　　　　　　D. $+\infty$

解　由洛必达法则得 $\lim\limits_{x\to +\infty}\dfrac{\ln x}{x+2}=\lim\limits_{x\to +\infty}\dfrac{\frac{1}{x}}{1}=0.$ 故应选 A.

考点三　利用洛必达法则计算"$0\cdot\infty$"型未定式

【真题】（2014 机械，2012 会计，电气）求极限 $\lim\limits_{x\to +\infty}x[\ln(x-2)-\ln(x+1)]$.

解法一　恒等变形后利用洛必达法则可得

$$\lim\limits_{x\to +\infty}x[\ln(x-2)-\ln(x+1)]=\lim\limits_{x\to +\infty}\dfrac{\ln(x-2)-\ln(x+1)}{\frac{1}{x}}=\lim\limits_{x\to +\infty}\dfrac{\frac{1}{x-2}-\frac{1}{x+1}}{\frac{-1}{x^2}}=-3.$$

解法二 恒等变形后利用等价无穷小替换可得

$$\lim_{x\to+\infty} x\left[\ln(x-2)-\ln(x+1)\right] = \lim_{x\to+\infty} x\ln(\frac{x-2}{x+1}) = \lim_{x\to+\infty} x\ln(1+\frac{-3}{x+1}) = \lim_{x\to+\infty} x\frac{-3}{x+1} = -3.$$

解法三 恒等变形后利用第二重要极限可得

$$\lim_{x\to+\infty} x\left[\ln(x-2)-\ln(x+1)\right] = \lim_{x\to+\infty} \ln(\frac{x-2}{x+1})^x = \ln\frac{\lim_{x\to+\infty}(1-\frac{2}{x})^{\frac{-x}{2}\cdot(-2)}}{\lim_{x\to+\infty}(1+\frac{1}{x})^x} = \ln\frac{e^{-2}}{e} = -3.$$

考点四 利用洛必达法则计算"∞－∞"型未定式

【真题】（2018 财经类）求极限 $\lim\limits_{x\to 0}(\dfrac{1}{\sin^2 x}-\dfrac{1}{x^2})$.

解 $\lim\limits_{x\to 0}(\dfrac{1}{\sin^2 x}-\dfrac{1}{x^2}) = \lim\limits_{x\to 0}\dfrac{x^2-\sin^2 x}{x^2\sin^2 x} = \lim\limits_{x\to 0}\dfrac{x^2-\sin^2 x}{x^4}$

$$= \lim_{x\to 0}\dfrac{2x-\sin 2x}{4x^3} = \lim_{x\to 0}\dfrac{1-\cos 2x}{6x^2} = \lim_{x\to 0}\dfrac{\frac{1}{2}\cdot 4x^2}{6x^2} = \dfrac{1}{3}.$$

【名师点拨】 本题还可如下计算：

$$\lim_{x\to 0}(\dfrac{1}{\sin^2 x}-\dfrac{1}{x^2}) = \lim_{x\to 0}\dfrac{x^2-\sin^2 x}{x^2\sin^2 x} = \lim_{x\to 0}\dfrac{(x+\sin x)(x-\sin x)}{x^4}$$

$$= \lim_{x\to 0}\dfrac{x+\sin x}{x}\cdot\lim_{x\to 0}\dfrac{x-\sin x}{x^3} = 2\lim_{x\to 0}\dfrac{1-\cos x}{3x^2} = 2\lim_{x\to 0}\dfrac{\sin x}{6x} = \dfrac{1}{3}.$$

📖 考纲解读 📖

一、最新大纲要求

1. 熟练掌握洛必达法则.

2. 会用洛必达法则求"$\dfrac{0}{0}$""$\dfrac{\infty}{\infty}$""$0\cdot\infty$"和"$\infty-\infty$"型未定式的极限.

二、本节方法综述

利用洛必达法则求极限是必考题型,在使用时应注意:

1. 在极限式子中,如果出现有非零的极限因子,则用极限的乘法把它分离出去,然后使用洛必达法则,可使计算变简单.

2. 在"$\dfrac{0}{0}$"型未定式中,使用等价无穷小替换,然后用洛必达法则,可使计算简单.

3. 计算其他类型的未定式时,需要按照方法归纳要求进行恒等变形转化再用洛必达法则.

第三节 函数的单调性与极值

基本知识

一、函数的单调性

定理 3.3.1 设函数 $f(x)$ 在闭区间 $[a,b]$ 上连续,在开区间 (a,b) 内可导,如果

(1) 在 (a,b) 内 $f'(x)>0$,那么函数 $f(x)$ 在 $[a,b]$ 上单调递增;

(2) 在 (a,b) 内 $f'(x)<0$,那么函数 $f(x)$ 在 $[a,b]$ 上单调递减.

在使用该定理时应注意以下几点:

(1) 如果在 (a,b) 内,$f'(x)\equiv0$,由拉格朗日中值定理的推论可知,$f(x)$ 在 $[a,b]$ 内是一个常数;

(2) 该定理中的闭区间换成开区间(包括无穷区间),结论同样成立;

(3) 函数在某区间内有限个点的导数为零,函数在该区间内仍有单调性.

例如函数 $y=x^3$,$y'=3x^2$,当 $x=0$ 时,$y'=0$;当 $x\neq0$ 时,$y'>0$,该函数在 $(-\infty,+\infty)$ 为单调递增函数.

函数单调区间的分界点为函数的一阶导数等于零的点(驻点)和一阶导数不存在的点,如果函数在定义域内不是单调函数,我们用函数的一阶导数等于零的点和一阶导数不存在的点把函数的定义域划分成若干个区间,使函数在每个区间上都单调,这些区间就是函数的**单调区间**.

由此,我们得出求函数 $f(x)$ 的单调区间(或判断函数的单调性)的一般步骤:

(1) 确定函数 $f(x)$ 的定义域;

(2) 求出函数 $f(x)$ 的全部驻点($f'(x)=0$ 的实根)和 $f'(x)$ 不存在的点,用这些点按由小到大的顺序把函数 $f(x)$ 的定义域划分成若干个区间;

(3) 列表讨论函数 $f(x)$ 在各区间上的单调性.

二、函数的极值

1. 函数极值的定义

定义 3.3.1 设函数 $f(x)$ 在 x_0 的**某邻域内有定义**,对于 x_0 的某个去心邻域内的任意 x:

(1) 如果 $f(x)<f(x_0)$,那么 $f(x_0)$ 是 $f(x)$ 的一个极大值,点 x_0 是 $f(x)$ 的一个极大值点;

(2) 如果 $f(x)>f(x_0)$,那么 $f(x_0)$ 是 $f(x)$ 的一个极小值,点 x_0 是 $f(x)$ 的一个极小值点.

函数的极大值和极小值统称为**极值**,使函数取得极值的点叫**极值点**.

在图 3.3.1 中,$f(x_1)$、$f(x_3)$ 是 $f(x)$ 的两个极大值,x_1、x_3 是 $f(x)$ 的极大值点;$f(x_2)$、$f(x_4)$ 是 $f(x)$ 的两个极小值,x_2、

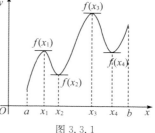

图 3.3.1

x_4 是 $f(x)$ 的极小值点.

关于函数的极值应注意以下几点：

(1) 函数极值是局部概念，$f(x_0)$ 是函数 $f(x)$ 的一个极大值，它只是 $f(x)$ 在 x_0 的某邻域内的最大值，但不一定是 $f(x)$ 在整个定义区间上的最大值，对于函数的极小值也是如此；

(2) 极值的定义决定了函数的极值只能在区间的内部取得，不可能在区间的端点取得；

(3) 函数的某一极大值有可能小于某一极小值.

2. 函数极值的求法

定理 3.3.2(必要条件) 设函数 $f(x)$ 在点 x_0 可导，且在点 x_0 取得极值，那么 $f'(x_0)=0$.

定理 3.3.2 说明**可导函数的极值点必定是它的驻点. 但是函数的驻点不一定是它的极值点.** 例如，$x=0$ 是函数 $f(x)=x^3$ 的驻点，但不是函数的极值点(如图 3.3.2 所示).

另外，函数的一阶导数不存在的点也可能是它的极值点，例如，$y=|x|$，该函数在点 $x=0$ 不可导，但在点 $x=0$ 取得极小值(如图 3.3.3 所示).

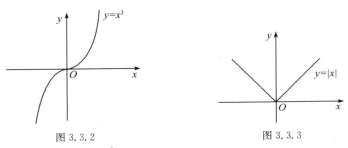

图 3.3.2   图 3.3.3

综上所述，**函数的极值有可能在函数的驻点或不可导点上取得.** 如何判断函数的驻点或导数不存在的点是否为函数的极值点？下面给出函数取得极值的充分条件.

定理 3.3.3(极值存在的第一充分条件) 设函数 $f(x)$ 在点 x_0 连续，在 x_0 的去心邻域内可导，当 x 由小增大经过 x_0 点时，如果

(1) $f'(x)$ 由正变负，那么 $f(x_0)$ 是函数 $f(x)$ 的极大值；

(2) $f'(x)$ 由负变正，那么 $f(x_0)$ 是函数 $f(x)$ 的极小值；

(3) $f'(x)$ 的符号不变，则 $f(x)$ 在 x_0 点没有极值.

由定理 3.3.3 可知，如果 x_0 是函数 $f(x)$ 的驻点(或不可导点)，在 x_0 的两侧，$f'(x)$ 的符号相反，点 x_0 就是 $f(x)$ 的极值点；在 x_0 的两侧，$f'(x)$ 的符号相同，点 x_0 就不是 $f(x)$ 的极值点. 在图 3.3.4 和图 3.3.5 中 $f(x)$ 在点 x_0 分别取得极大值和极小值，在图 3.3.6 和图 3.3.7 中 $f(x)$ 在点 x_0 没有极值.

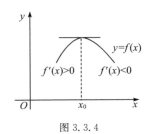   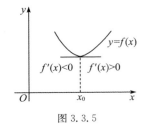

图 3.3.4   图 3.3.5

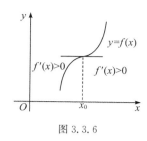

图 3.3.6

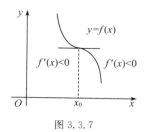

图 3.3.7

定理 3.3.4(极值存在的第二充分条件) 设函数 $f(x)$ 在点 x_0 处有二阶导数,且 $f'(x_0) = 0$,$f''(x_0) \neq 0$,则

(1) 如果 $f''(x_0) < 0$,那么 $f(x_0)$ 是函数 $f(x)$ 的极大值;

(2) 如果 $f''(x_0) > 0$,那么 $f(x_0)$ 是函数 $f(x)$ 的极小值.

【注意】 极值存在的第二充分条件有其局限性,只能判断二阶导数不等于零的驻点处是否为极值点,但当遇到只有驻点且驻点处的二阶导数值不等于零的函数时(比如多项式函数),利用定理 3.3.4 求极值点是比较方便的. 此处为了及时解释清楚,举例如下:

例 求函数 $f(x) = x^4 - 10x^2 + 5$ 的极值.

解 (1) $f(x)$ 的定义域为 $(-\infty, +\infty)$;

(2) $f'(x) = 4x^3 - 20x = 4x(x+\sqrt{5})(x-\sqrt{5})$;

(3) 令 $f'(x) = 0$,得驻点 $x_1 = -\sqrt{5}$,$x_2 = 0$,$x_3 = \sqrt{5}$;

(4) $f''(x) = 12x^2 - 20$,$f''(-\sqrt{5}) = 40 > 0$;$f''(0) = -20 < 0$;$f''(\sqrt{5}) = 40 > 0$.

故由定理 3.3.4 可知,$f(x)$ 的极小值为 $f(-\sqrt{5}) = -20$ 和 $f(\sqrt{5}) = -20$,极大值为 $f(0) = 5$.

如果函数 $f(x)$ 在所讨论的区间内连续,除个别点外处处可导,那么,可按以下步骤求函数 $f(x)$ 的极值:

(1) 确定函数 $f(x)$ 的定义域;

(2) 求出 $f'(x)$,找到函数 $f(x)$ 在定义域内的所有驻点和 $f'(x)$ 不存在的点;

(3) 分别考查每一个驻点或导数不存在的点是否为极值点,是极大值点还是极小值点;

(4) 求出各极值点的函数值,即得函数 $f(x)$ 的全部极值.

📖 **考 点 解 读** 📖

在专升本考试中,本节主要考查以下内容:

1. 讨论函数的单调性.

2. 计算函数的极值.

考点一 讨论函数的单调性

【方法归纳】

1. 讨论函数的单调性,最基本的方法是求出该函数的导数,再根据导数的符号判别即可. 因此,讨论函数单调性的步骤如下:

(1) 确定函数 $f(x)$ 的定义域;

(2) 求 $f'(x)$,并求出函数 $f(x)$ 的全部驻点($f'(x) = 0$ 的实根)和 $f'(x)$ 不存在的点,并

根据分界点把定义域分成若干区间;

（3）列表讨论函数 $f(x)$ 在各区间上的单调性.

2.求函数的单调增区间或单调减区间,可直接令 $f'(x) \geqslant 0$ 或 $f'(x) \leqslant 0$,然后求其范围即是所求的单调区间.

例 1 函数 $y = 3x - x^3$ 的单调增加的区间是 _____.

解 因为 $y = 3x - x^3$,所以 $y' = 3(1 - x^2)$,令 $y' > 0$,解得 $-1 < x < 1$.即函数 $y = 3x - x^3$ 的单调增加的区间是 $(-1, 1)$.故应填 $(-1, 1)$.

例 2 $y = 2x^2 - \ln x$ 的递减区间为 _____.

A. $\left(0, \dfrac{1}{2}\right)$　　　　B. $\left(-\infty, \dfrac{1}{2}\right)$　　　　C. $\left(\dfrac{1}{2}, +\infty\right)$　　　　D. $\left(-\dfrac{1}{2}, 0\right)$

解 函数定义域为 $(0, \infty)$ 因为 $y' = 4x - \dfrac{1}{x}$,令 $y' = 4x - \dfrac{1}{x} < 0$,解得递减区间为 $\left(0, \dfrac{1}{2}\right)$.故应选 A.

例 3 曲线 $y = (x + 6)\mathrm{e}^{\frac{1}{x}}$ 的单调减区间的个数为(　　).

A. 0　　　　　　　B. 1　　　　　　　C. 2　　　　　　　D. 3

解 函数 $y = (x + 6)\mathrm{e}^{\frac{1}{x}}$ 的定义域为 $(-\infty, 0) \bigcup (0, +\infty)$,

$$y' = \mathrm{e}^{\frac{1}{x}} - \frac{x + 6}{x^2}\mathrm{e}^{\frac{1}{x}} = \frac{(x^2 - x + 6)\mathrm{e}^{\frac{1}{x}}}{x^2},$$

令 $y' = 0$,则 $x_1 = 3$,$x_2 = -2$;$x_3 = 0$ 时导数不存在.列表讨论,得

x	$(-\infty, -2)$	-2	$(-2, 0)$	0	$(0, 3)$	3	$(3, +\infty)$
y'	$+$	0	$-$	不存在	$-$	0	$+$
y	单调递增	极小值	单调递减	不是极值	单调递减	极大值	单调递增

所以单调减区间有两个,分别为 $(-2, 0)$,$(0, 3)$.故应选 C.

> **【名师点拨】** 判别函数的单调区间或找单调区间的个数是专升本考试的基础题型,也是重点题型.

考点二　求函数的极值

【方法归纳】 求函数极值的步骤如下:

（1）确定函数 $f(x)$ 的定义域.

（2）求 $f'(x)$,并求出函数 $f(x)$ 在定义域内的所有驻点和 $f'(x)$ 不存在的点.

（3）若函数既有驻点又有导数不存在的点,利用极值存在的第一充分条件依次判断这些点是否是函数的极值点;若函数只有驻点且驻点处的二阶导数值不等于零,则可利用极值存在的第二充分条件,判断这些点是否为函数的极值点.

（4）求出各极值点的函数值,即得函数 $f(x)$ 的全部极值.

例1 判断:若函数 $f(x)$ 在区间 (a,b) 内仅有一个极值点,则该点不一定是驻点. _____.

解 若函数 $y=f(x)$ 在点 $x=x_0$ 处取得极值,则 x_0 可能是驻点,也可能是不可导点. 故应填"正确".

> **【名师点拨】** 驻点与极值点的关系如下:
> 1. 驻点未必是极值点. 例: $f(x)=x^3$ 在 $x=0$ 处, $f'(0)=0$, 但不是极值点.
> 2. 极值点未必是驻点, 因为导数不存在的点也有可能是极值点. 例如 $f(x)=|x|$ 在 $x=0$ 处, $f'(0)$ 不存在, 但取得极小值.
> 3. 驻点和导数不存在的点统称为可能的极值点.

例2 求函数 $y=x^3-3x^2-9x+3$ 的极值.

解 函数的定义域为 $(-\infty,+\infty)$, 且 $y'=3x^2-6x-9=3(x-3)(x+1)$,
令 $y'=0$, 得驻点 $x_1=-1, x_2=3$. 列表讨论如下:

x	$(-\infty,-1)$	-1	$(-1,3)$	3	$(3,+\infty)$
y'	$+$	0	$-$	0	$+$
y	单调递增	极大值 8	单调递减	极小值 -24	单调递增

由上表知,该函数的极大值为 $y(-1)=8$, 极小值为 $y(3)=-24$.

> **【名师点拨】** 求函数的极值本质上是找函数单调增、减区间的分界点,因此可以根据函数特点来选择极值存在的第一充分条件或第二充分条件. 极值存在的第一充分条件应用范围广,通常将其作为首选. 极值存在的第二充分条件要求比较苛刻,但若函数的二阶导数存在且易求,且只有驻点时,也可以选择使用,另外当计算积分上限函数的极值时,使用第二充分条件往往非常有效.

真题解析

考点一 讨论函数的单调性

【真题】 (2021 高数三) 函数 $f(x)=\mathrm{e}^x-5x$ 的单调增区间是( ).

A. $(-\infty,\ln 5)$ B. $(-\infty,-\ln 5]$ C. $[\ln 5,+\infty)$ D. $(-\ln 5,+\infty)$

解 由题意知, $f'(x)=\mathrm{e}^x-5\geqslant 0$, 解得 $x\geqslant\ln 5$. 故应选 C.

考点二 求函数的极值

【真题1】 (2021 高数三) 设 $k>0$, 求函数 $f(x)=2\ln(1+x)+kx^2-2x$ 的极值点,并判断是极大值点还是极小值点.

解 函数 $f(x)=2\ln(1+x)+kx^2-2x$ 的定义域为 $(-1,+\infty)$,

$f'(x)=[2\ln(1+x)+kx^2-2x]'=\dfrac{2}{1+x}+2kx-2$, 令 $f'(x)=0$, 得 $x_1=0, x_2=\dfrac{1-k}{k}$;

又因为 $f''(x) = -\dfrac{2}{(1+x)^2} + 2k$,所以 $f''(0) = 2k - 2$,$f''\left(\dfrac{1-k}{k}\right) = 2k(1-k)$.

(1) 当 $0 < k < 1$ 时,$f''(0) = 2k - 2 < 0$,$f''\left(\dfrac{1-k}{k}\right) = 2k(1-k) > 0$,由极值的第二充分条件知 $x = 0$ 为极大值点,$x = \dfrac{1-k}{k}$ 是极小值点;

(2) 当 $k > 1$ 时,$f''(0) = 2k - 2 > 0$,$f''\left(\dfrac{1-k}{k}\right) = 2k(1-k) < 0$,由极值的第二充分条件知 $x = 0$ 为极小值点,$x = \dfrac{1-k}{k}$ 是极大值点;

当 $k = 1$ 时,$f'(x) = \dfrac{2x^2}{1+x} > 0$,此时函数 $f(x)$ 在定义域为 $(-1, +\infty)$ 上单调递增,所以无极值点.

【真题2】 (2020高数三) 求函数 $f(x) = 2x^3 - 3x^2 - 12x + 5$ 的极值,并判断是极大值还是极小值.

解 函数的定义域为 $(-\infty, +\infty)$,$f'(x) = 6x^2 - 6x - 12$,

令 $f'(x) = 0$,得驻点 $x = -1$,$x = 2$.

在 $(-\infty, -1)$ 内,$f'(x) > 0$;在 $(-1, 2)$ 内,$f'(x) < 0$;在 $(2, +\infty)$ 内,$f'(x) > 0$.

故 $x = -1$ 为极大值点,极大值为 $f(-1) = 12$;

$x = 2$ 为极小值点,极小值为 $f(2) = -15$.

考纲解读

一、最新大纲要求

1. 理解函数极值的概念.

2. 掌握用导数判断函数的单调性和求函数极值的方法.

二、本节方法综述

1. 求 $y = f(x)$ 的单调区间的步骤

(1) 求函数的定义域;

(2) 找出使 $f'(x) = 0$ 的点(驻点)与一阶导数不存在的点;

(3) 把全部上面列出的点按大小列在表上,它们把定义域分割成若干区间,分别根据每个区间上导数的符号判断其单调性.

2. 求极值点的步骤

(1) 求出函数 $y = f(x)$ 可能的极值点(驻点和一阶导数不存在的点).

(2) 将上述可能的极值点逐个判别是极大值还是极小值. 判别方法有两个:

1) 函数极值存在的第一充分条件:设函数 $f(x)$ 在点 x_0 连续,在 x_0 的去心邻域内可导,当 x 由小增大经过 x_0 点时,如果

① $f'(x)$ 由正变负,那么 $f(x_0)$ 是函数 $f(x)$ 的极大值;

② $f'(x)$ 由负变正,那么 $f(x_0)$ 是函数 $f(x)$ 的极小值;

③ $f'(x)$ 的符号不变,则 $f(x)$ 在 x_0 点没有极值.

2）函数极值存在的第二充分条件：设函数 $f(x)$ 在 x_0 点处二阶可导，且 $f'(x_0)=0$，$f''(x_0)\neq 0$，则

① 若 $f''(x_0)<0$，则 $f(x_0)$ 是 $f(x)$ 的极大值；

② 若 $f''(x_0)>0$，则 $f(x_0)$ 是 $f(x)$ 的极小值；

【注意】当 x_0 为不可导点或 $f''(x_0)=0$ 时，使用极值存在的第一充分条件判别.

3. 考生复习时必须弄清的是非问题

（1）若 x_0 为极值点，则 $f'(x_0)=0$. 错误. 例如 $y=|x|$ 在 $x=0$ 处为极小值但不存在导数.

（2）若 $f'(x_0)=0$，则 x_0 为极值点. 错误. 例如 $y=x^3$ 在 $x=0$ 处导数为 0 但不是极值点.

（3）若 x_0 为极值点并且导数存在，则 $f'(x_0)=0$. 正确.

（4）极值点可以是边界点. 错误.

（5）函数的极大值 $>$ 函数的极小值. 错误.

（6）判断极值点的第一充分条件与第二充分条件是等价的. 错误.

第四节　函数的最大值与最小值

基本知识

函数的极值和最值是不同的两个概念. 函数的极值是一个局部性的概念，最值是一个整体性的概念. 本节主要学习如何求函数的最值，并会利用最值解决问题.

一、闭区间上连续函数的最值

设函数 $f(x)$ 在闭区间 $[a,b]$ 上连续，根据闭区间上连续函数的性质（最值定理），$f(x)$ 在 $[a,b]$ 上一定存在最值. 取得函数最值的点可能在区间内部取得，也可能取在区间的端点上.

因此，可以按照如下的步骤来求给定闭区间上连续函数的最值：

（1）在开区间 (a,b) 内求出函数所有的驻点和导数不存在的点；

（2）求出函数在所有驻点、导数不存在的点和区间端点的函数值；

（3）比较这些函数值的大小，最大者即函数在该区间的最大值，最小者即最小值.

【注意】（1）如果函数 $f(x)$ 在闭区间 $[a,b]$ 上连续且单调，则最值必在端点处取得.

（2）如果函数 $f(x)$ 在开区间 (a,b) 内连续，则不一定有最值. 但如果连续函数 $f(x)$ 在开区间 (a,b) 内有唯一的极大（小）值，则该唯一的极大（小）值即为最大（小）值.

二、实际应用中的最值问题

在实际问题中，若函数 $f(x)$ 的定义域是开区间，且在此开区间内只有一个驻点 x_0，而最值又存在，则可以直接确定该驻点 x_0 就是最值点，$f(x_0)$ 即为相应的最值.

考点解读

在专升本考试中，本节主要考查以下内容：

1. 函数的最值.

2. 函数最值的应用.

考点一 求函数的最值

【方法归纳】 求函数的最值常见的有以下三种情形:

1. 若函数 $f(x)$ 在闭区间 $[a,b]$ 上连续,求最值的求解步骤如下:

(1) 找出函数 $f(x)$ 在 (a,b) 内的所有可能极值点(驻点和导数不存在的点);

(2) 求函数 $f(x)$ 在可能极值点及区间端点处的函数值;

(3) 比较这些函数值的大小,其中最大者与最小者就是函数在区间 $[a,b]$ 上的最大值和最小值.

2. 若函数 $f(x)$ 在闭区间 $[a,b]$ 上连续、单调,则在端点处取得最值.

3. 若函数 $f(x)$ 在开区间 (a,b) 内有唯一的极值点,则该极值点为最值点.

例 1 设函数 $f(x)=2x^3-9x^2+12x+1$ 在区间 $[0,2]$ 上的最大值点是 _____.

解 由 $f'(x)=6x^2-18x+12=0$, 得 $x_1=1$, $x_2=2$. 因为 $f(1)=6$, $f(2)=5$, $f(0)=1$, 所以最大值点是 $x=1$. 故应填 $x=1$.

例 2 求函数 $f(x)=x^4+\dfrac{1}{2}x+3$ 在区间 $(-\infty,\dfrac{1}{8})$ 内的最小值.

解 $f'(x)=4x^3+\dfrac{1}{2}$, 令 $f'(x)=0$, 得驻点 $x=-\dfrac{1}{2}$. 又 $f''(x)=12x^2$, 且 $f''(-\dfrac{1}{2})=3>0$, 从而 $x=-\dfrac{1}{2}$ 为函数在开区间 $(-\infty,\dfrac{1}{8})$ 唯一的极小值点,从而也就是函数在区间 $(-\infty,\dfrac{1}{8})$ 的最小值点,函数的最小值为 $f(-\dfrac{1}{2})=\dfrac{45}{16}$.

【名师点拨】 函数在开区间连续不一定有最值,但当在开区间内有唯一的极大值或唯一的极小值时,则该唯一的极大值为最大值,唯一的极小值为最小值.

考点二 最值的应用

【方法归纳】 在实际问题(应用题)中求最值,需要先根据题意列出目标函数,求得实际定义域,若函数 $f(x)$ 的定义域是开区间,且在此开区间内只有一个驻点 x_0,根据实际问题的实际意义知最大值(或最小值)必存在,则可以直接确定该驻点 x_0 就是最大值点(或最小值点), $f(x_0)$ 即为相应的最大值(或最小值).

例 1 某车间靠墙壁要盖一间长方形小屋,现在存砖只有能够砌成 20 米长的墙壁. 问:应围成怎样的长方形才能使这间小屋面积最大.

解 设小屋宽为 x 米,则长为 $(20-2x)$ 米,

小屋面积为 $y=x(20-2x)(0<x<10)$, 令 $y'=20-4x=0$, 得 $x=5$.

由实际问题的实际意义知,面积一定存在最大值. 因此唯一的驻点一定是函数的最值点. 当围成宽 5 米、长 10 米得长方形时小屋面积最大.

例 2 将一块边长为 36 厘米的正方形铁皮,从每个角截去同样的小方块,然后把四边折起来做成一个无盖的方盒,问怎样截取可使方盒的容积最大.

解 设每角截去的小正方块边长为 x 厘米.

则方盒的体积 $V(x) = x(36-2x)^2$, $(0 < x < 18)$,

又 $V'(x) = (36-2x)^2 - 4(36-2x)x = (36-2x)(36-6x)$,

令 $V'(x) = 0$,得 $x = 6$ 或 $x = 18$ (舍).

由实际问题可知,方盒容积一定有最大值,因此 $x = 6$ 也是最大值点.

即小正方块的边长为 6 厘米时,方盒的容积最大.

真 题 解 析

考点一 求函数的最值

【真题】 (2017 **电商**) 函数 $f(x) = x + 2\sqrt{x}$ 在区间 $[0,4]$ 上的最大值是 _____.

解 因为 $f'(x) = (x + 2\sqrt{x})' = 1 + \dfrac{1}{\sqrt{x}} > 0$,所以函数在区间 $[0,4]$ 上单调递增,

因此在右端点处取得最大值, $f(4) = 8$. 故应填 8.

考点二 最值的应用

【真题 1】 (2015 **计算机**) 做一圆柱形无盖铁桶,容积为 V ,其底面积半径 r 与高 h 的比应为多少,所用铁皮最省?

解 设圆柱形无盖铁桶表面积为 S . 因为 $V = \pi r^2 h$,所以 $h = \dfrac{V}{\pi r^2}$. 于是

$$S(r) = \pi r^2 + 2\pi rh = \pi r^2 + 2\pi r \cdot \frac{V}{\pi r^2} = \pi r^2 + \frac{2V}{r}, \quad r \in (0, +\infty)$$

从而 $S'(r) = 2\pi r - \dfrac{2V}{r^2}$,令 $S'(r) = 0$,得 $r = \sqrt[3]{\dfrac{V}{\pi}}$.

唯一的驻点 $r = \sqrt[3]{\dfrac{V}{\pi}}$ 是函数的最小值点. 因为 $h = \dfrac{V}{\pi r^2}$,所以 $\dfrac{r}{h} = \dfrac{\pi r^3}{V} = 1$.

即底面积半径 r 与高 h 的比为 1 时所用铁皮最省.

【真题 2】 (2010 **土木**,2010 **工商**) 求斜边长为定长 l 的直角三角形的最大面积.

解 设直角三角形的一条直角边长为 x ,面积为 S .

则直角三角形面积 $S = \dfrac{1}{2} x \sqrt{l^2 - x^2}$, $(0 < x < l)$.

令 $\dfrac{\mathrm{d}S}{\mathrm{d}x} = \dfrac{1}{2} \sqrt{l^2 - x^2} + \dfrac{-2x^2}{4\sqrt{l^2 - x^2}} = 0$,解得唯一驻点 $x = \sqrt{\dfrac{l^2}{2}} = \dfrac{l}{\sqrt{2}}$.

由实际问题的实际意义可知,该直角三角形面积一定有最大值,所以唯一的驻点即为最大值点. 所以最大面积为 $S\left(\dfrac{l}{\sqrt{2}}\right) = \dfrac{1}{2} \sqrt{\dfrac{l^2}{2}} \cdot \sqrt{l^2 - \dfrac{l^2}{2}} = \dfrac{l^2}{4}$,即斜边长为定长 l 的直角三角形的最大面积为 $\dfrac{l^2}{4}$.

-------------------------------- 📖 考 纲 解 读 📖 --------------------------------◆

一、最新大纲要求

掌握函数最大值和最小值的求法及其应用.

二、本节方法综述

本节内容主要考查连续函数在区间上的最值及应用问题,需熟练掌握.

1.求函数 $y = f(x)$ 在给定闭区间上函数的最值:

(1) 在给定区间上求出函数所有可能极值点:驻点和导数不存在的点;

(2) 求出函数在所有驻点、导数不存在的点和区间端点的函数值;

(3) 比较这些函数值的大小,最大者即函数在该区间的最大值,最小者即最小值.

特别地:① 如果函数 $f(x)$ 在闭区间 $[a,b]$ 上连续且单调,则最值必在端点处取得;

② 如果函数 $f(x)$ 在开区间 (a,b) 内连续,则不一定有最值.但如果连续函数 $f(x)$ 在开区间 (a,b) 内有唯一的极大(小)值,则该唯一的极大(小)值即为最大(小)值.

2.在实际问题中,需根据题意列出目标函数,令目标函数的导数等于零,解得唯一驻点,唯一驻点即为最值点.

第四章　不定积分

前面学习了求函数的导数,而不定积分是它的反问题,即已知导函数求原函数. 本章是考试的重点.

知识梳理

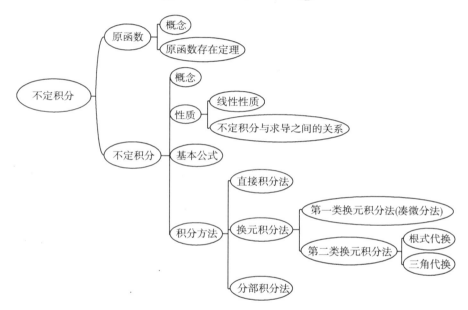

第一节　不定积分的概念与性质

基本知识

一、原函数的概念

定义 4.1.1　设函数 $F(x)$ 与 $f(x)$ 在区间 I 上有定义,并且在该区间内的任一点都有
$$F'(x) = f(x) \text{ 或 } dF(x) = f(x)dx,$$
那么函数 $F(x)$ 就称为函数 $f(x)$ 在区间 I 上的一个原函数.

例如,因为 $(\sin x)' = \cos x$,所以 $\sin x$ 是 $\cos x$ 在 $(-\infty, +\infty)$ 上的一个原函数.

定理 4.1.1(原函数存在定理)　如果函数 $f(x)$ 在区间 I 上连续,那么在区间 I 上存在可导函数 $F(x)$,使对任一 $x \in I$,都有 $F'(x) = f(x)$.

简单地说就是:**连续函数一定有原函数.**

由于初等函数在其有定义的区间上都是连续的,因此由定理 4.1.1 可知,每个初等函数在其有定义的区间上都有原函数.

定理 4.1.2 如果函数 $F(x),G(x)$ 都是 $f(x)$ 在区间 I 上的原函数,则有

(1)$F(x)+C$ 也是 $f(x)$ 的原函数,其中 C 为任意常数;

(2)$F(x)=G(x)+C$,即任意两个原函数之间相差一个常数.

这个定理表明,如果函数有一个原函数存在,则必有无穷多个原函数,且它们彼此之间只相差一个常数.

二、不定积分的概念

定义 4.1.2 在区间 I 上,函数 $f(x)$ 的全体原函数称为函数 $f(x)$ 在区间 I 上的**不定积分**,记作 $\int f(x)\mathrm{d}x$. 其中记号 $\int$ 称为**积分号**,$f(x)$ 称为**被积函数**,$f(x)\mathrm{d}x$ 称为**被积表达式**,x 称为**积分变量.**

由定义 4.1.2 可见,如果函数 $F(x)$ 是 $f(x)$ 在区间 I 上的一个原函数,那么 $F(x)+C$ 就是 $f(x)$ 的不定积分,即 $\int f(x)\mathrm{d}x=F(x)+C$,其中 C 称为**积分常数**.

例如,因为 $\sin x$ 是 $\cos x$ 的一个原函数,故有 $\int\cos x\,\mathrm{d}x=\sin x+C$.

【注意】从不定积分的定义可知,积分运算和微分运算互为逆运算,从而有如下关系:

由于 $\int f(x)\mathrm{d}x$ 是 $f(x)$ 的原函数,所以

$$\left(\int f(x)\mathrm{d}x\right)'=f(x) \text{ 或 } \mathrm{d}\left(\int f(x)\mathrm{d}x\right)=f(x)\mathrm{d}x;$$

又由于 $F(x)$ 是 $F'(x)$ 的原函数,所以

$$\int F'(x)\mathrm{d}x=F(x)+C \text{ 或 } \int\mathrm{d}F(x)=F(x)+C.$$

三、基本积分公式

由于积分运算是微分运算的逆运算,所以从基本导数公式可以直接得到基本积分公式,列表如下:

1.$\int 0\mathrm{d}x=C$;

2.$\int 1\mathrm{d}x=x+C$(常简写为 $\int\mathrm{d}x=x+C$);

3.$\int x^{\alpha}\mathrm{d}x=\dfrac{x^{\alpha+1}}{\alpha+1}+C(\alpha\neq-1,x>0)$,特别地 $\int\dfrac{1}{x^2}\mathrm{d}x=-\dfrac{1}{x}+C,\int\dfrac{1}{\sqrt{x}}\mathrm{d}x=2\sqrt{x}+C$;

4.$\int\dfrac{1}{x}\mathrm{d}x=\ln\mid x\mid+C$;

5.$\int a^x\mathrm{d}x=\dfrac{a^x}{\ln a}+C$,特别地 $\int\mathrm{e}^x\mathrm{d}x=\mathrm{e}^x+C$;

6.$\int\cos x\,\mathrm{d}x=\sin x+C$;

7.$\int\sin x\,\mathrm{d}x=-\cos x+C$;

8. $\displaystyle\int \sec^2 x\, \mathrm{d}x = \tan x + C$;

9. $\displaystyle\int \csc^2 x\, \mathrm{d}x = -\cot x + C$;

10. $\displaystyle\int \sec x \tan x\, \mathrm{d}x = \sec x + C$;

11. $\displaystyle\int \csc x \cot x\, \mathrm{d}x = -\csc x + C$;

12. $\displaystyle\int \frac{\mathrm{d}x}{\sqrt{1-x^2}} = \arcsin x + C$;

13. $\displaystyle\int \frac{\mathrm{d}x}{1+x^2} = \arctan x + C$.

14. $\displaystyle\int \frac{1}{\sqrt{a^2-x^2}}\, \mathrm{d}x = \arcsin \frac{x}{a} + C$;

15. $\displaystyle\int \frac{1}{a^2+x^2}\, \mathrm{d}x = \frac{1}{a}\arctan \frac{x}{a} + C$;

16. $\displaystyle\int \tan x\, \mathrm{d}x = -\ln|\cos x| + C = \ln|\sec x| + C$;

17. $\displaystyle\int \cot x\, \mathrm{d}x = \ln|\sin x| + C = -\ln|\csc x| + C$;

18. $\displaystyle\int \sec x\, \mathrm{d}x = \ln|\sec x + \tan x| + C$;

19. $\displaystyle\int \csc x\, \mathrm{d}x = \ln|\csc x - \cot x| + C$;

20. $\displaystyle\int \frac{1}{a^2-x^2}\, \mathrm{d}x = \frac{1}{2a}\ln\left|\frac{a+x}{a-x}\right| + C$;

21. $\displaystyle\int \frac{1}{\sqrt{x^2 \pm a^2}}\, \mathrm{d}x = \ln\left|x + \sqrt{x^2 \pm a^2}\right| + C$.

这些基本积分公式是积分运算的基础,必须通过反复练习而熟练掌握.

【注意】检验积分结果是否正确,只要对结果求导,看它的导数是否等于被积函数,相等时结果是正确的,否则结果是错误的.

四、不定积分的性质

性质 4.1.1　两个可积函数代数和的不定积分等于两个函数的不定积分的代数和,即

$$\int [f(x) \pm g(x)]\, \mathrm{d}x = \int f(x)\, \mathrm{d}x \pm \int g(x)\, \mathrm{d}x.$$

【注意】性质 4.1.1 可以推广到有限个函数的代数和也是成立的.

性质 4.1.2　被积表函数中的非零常数因子可提到积分号外,即

$$\int k f(x)\, \mathrm{d}x = k \int f(x)\, \mathrm{d}x \quad (k \neq 0).$$

【注意】不定积分中**没有乘积和商**的积分运算法则.

在求不定积分时,有时要对被积函数进行恒等变形,利用不定积分的线性运算性质,转化为基本积分公式表中存在的函数形式,从而得到它们的不定积分,这种方法称为**直接积分法**.

为便于读者理解,此处先列举几个例子加以理解和体会,后面会以考点形式巩固练习.

例 1 求 $\displaystyle\int \frac{(\sqrt{x}+1)^2}{x}\mathrm{d}x$.

解 $\displaystyle\int \frac{(\sqrt{x}+1)^2}{x}\mathrm{d}x = \int \frac{x+2\sqrt{x}+1}{x}\mathrm{d}x = \int 1\mathrm{d}x + 2\int x^{-\frac{1}{2}}\mathrm{d}x + \int \frac{1}{x}\mathrm{d}x$

$$= x + 2 \cdot \frac{1}{-\frac{1}{2}+1} x^{-\frac{1}{2}+1} + \ln|x| + C = x + 4\sqrt{x} + \ln|x| + C.$$

【注意】在分项积分后,每个不定积分的结果都含有任意常数. 但由于任意常数之和仍是任意常数,因此,只要总的写出一个任意常数就行了.

例 2 求 $\displaystyle\int \frac{x^2}{x^2+1}\mathrm{d}x$.

解 $\displaystyle\int \frac{x^2}{x^2+1}\mathrm{d}x = \int \frac{x^2+1-1}{x^2+1}\mathrm{d}x = \int (1-\frac{1}{x^2+1})\mathrm{d}x = \int 1\mathrm{d}x - \int \frac{1}{1+x^2}\mathrm{d}x$

$$= x - \arctan x + C.$$

【注意】对于有理分式,像本题这种不容易直接进行拆分的,可以根据分母的形式,对分子进行加减项,使分式能恒等变形成几个简单函数的和差形式,然后再进行分项积分.

例 3 求 $\displaystyle\int \tan^2 x \mathrm{d}x$.

解 $\displaystyle\int \tan^2 x \mathrm{d}x = \int (\sec^2 x - 1)\mathrm{d}x = \int \sec^2 x \mathrm{d}x - \int 1\mathrm{d}x = \tan x - x + C.$

五、不定积分的几何意义

如果有 $\displaystyle\int f(x)\mathrm{d}x = F(x) + C$,则曲线 $y = F(x)$ 称为 $f(x)$ 的一条

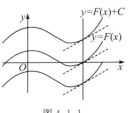

图 4.1.1

积分曲线. 因此不定积分 $\displaystyle\int f(x)\mathrm{d}x$ 的几何意义就是表示了 $f(x)$ 的一族积分曲线 $y = F(x) + C$. 这族积分曲线可由积分曲线 $y = F(x)$ 平移得到,这族积分曲线中的每一条曲线在点 x 处的切线斜率都等于 $f(x)$,如图 4.1.1 所示.

━━━━━━━━━━━━━━━ 📖 **考点解读** 📖 ━━━━━━━━━━━━━━━◆

在专升本考试中,本节主要考查以下几方面的内容:

1. 原函数的概念.

2. 不定积分的定义与性质.

3. 直接积分法.

考点一 原函数的概念

【方法归纳】本考点主要考查原函数的定义,定义的核心是"若 $F'(x) = f(x)$,则 $F(x)$ 是 $f(x)$ 的原函数",原函数的定义往往和不定积分的定义联系起来考查.

例 1 设函数 $f(x)$ 的一个原函数为 $\dfrac{1}{x}$,则 $f'(x) = ($　　$)$.

A. $-\dfrac{1}{x^2}$ 　　　　B. $\dfrac{2}{x^3}$ 　　　　C. $\dfrac{1}{x}$ 　　　　D. $\ln|x|$

解 由原函数的概念知 $f(x)=\left(\dfrac{1}{x}\right)'=-\dfrac{1}{x^2}$,所以 $f'(x)=\dfrac{2}{x^3}$. 故应选 B.

例 2 判断:设 $F(x)$ 为 $f(x)$ 在区间 I 上的一个原函数,则 $F(x^2)$ 为 $f(x^2)$ 在这区间上的一个原函数(   ).

解 因为 $F'(x)=f(x)$,所以复合函数求导法则得
$$\left[F(x^2)\right]'=F'(x^2)\cdot 2x=2xf(x^2)\neq f(x^2),$$
所以 $F(x^2)$ 不是 $f(x^2)$ 在区间 I 上的一个原函数. 故应填"错误".

例 3 下列命题中正确的是(   ).

(1) 如果函数 $y=f(x)$ 在点 x 处可导,则函数在该点必连续.

(2) 连续函数一定有原函数.

(3) 有界的数列一定收敛.

(4) 如果函数 $y=f(x)$ 在点 x 处连续,则函数在该点必可导.

A. (1)(2)(4)　　　　B. (1)(2)　　　　C. (2)(3)　　　　D. (1)(3)(4)

解 可导必连续,故(1)正确;但连续不一定可导,故(4)错误;连续函数一定有原函数,故(2)正确;单调有界数列才收敛,故(3)错误. 故应选 B.

考点二　不定积分与导数的逆运算关系

【方法归纳】本考点主要考查不定积分运算与求导(或微分)互为逆运算的关系,即
$$\left(\int f(x)\mathrm{d}x\right)'=f(x),\mathrm{d}\int f(x)\mathrm{d}x=f(x)\mathrm{d}x,\int f'(x)\mathrm{d}x=f(x)+C,\int \mathrm{d}f(x)=f(x)+C.$$

例 1 设 $\int F'(x)\mathrm{d}x=\int G'(x)\mathrm{d}x$,则下列结论中错误的是(   ).

A. $F(x)=G(x)$ 　　　　　　　　　　B. $F(x)=G(x)+C$

C. $F'(x)=G'(x)$ 　　　　　　　　　　D. $\mathrm{d}\int F'(x)\mathrm{d}x=\mathrm{d}\int G'(x)\mathrm{d}x$

解 根据已知条件及积分与导数的互逆运算关系可得 $\int F'(x)\mathrm{d}x=F(x)+C_1$, $\int G'(x)\mathrm{d}x=G(x)+C_2$,其中 C_1,C_2 都是任意常数,所以有 $F(x)+C_1=G(x)+C_2$,即 $F(x)=G(x)+C$(其中 $C=C_2-C_1$),此即选项 B.

而结论 B、C、D 是互相等价的,所以错误的是 A. 故应选 A.

例 2 若 $\int f(x)\mathrm{d}x=x\mathrm{e}^{-2x}+C$(其中 C 为常数),则 $f(x)=$(   ).

A. $-2x\mathrm{e}^{-2x}$ 　　　B. $-2x^2\mathrm{e}^{-2x}$ 　　　C. $(1-2x)\mathrm{e}^{-2x}$ 　　　D. $(1-2x^2)\mathrm{e}^{-2x}$

解 等式两边同时求导,得 $f(x)=\left(\int f(x)\mathrm{d}x\right)'=\mathrm{e}^{-2x}+x\mathrm{e}^{-2x}(-2)=(1-2x)\mathrm{e}^{-2x}$. 故应选 C.

例 3 若 $\int xf(x)\mathrm{d}x=\dfrac{1}{2}x^2+C$,则 $\int \dfrac{1}{f(x)}\mathrm{d}x=$_____.

解 方程 $\int xf(x)\mathrm{d}x=\dfrac{1}{2}x^2+C$ 两边同时求导得 $xf(x)=x$,所以 $f(x)=1$.

由此可得 $\displaystyle\int \frac{1}{f(x)}\mathrm{d}x = \int \mathrm{d}x = x + C.$ 故应填 $x + C.$

考点三　　直接积分法

【方法归纳】在计算简单函数的不定积分时,经常结合不定积分的公式和性质进行计算,若不能直接使用公式及性质,常常先对函数恒等变形,特别是三角函数的恒等变形,通过变形后再结合不定积分的公式和性质进行计算.

例 1　$\displaystyle\int x(1+2x)^2 \mathrm{d}x = \underline{\hspace{3cm}}.$

解　根据不定积分公式可得

$$\int x(1+2x)^2 \mathrm{d}x = \int(4x^3 + 4x^2 + x)\mathrm{d}x = x^4 + \frac{4}{3}x^3 + \frac{x^2}{2} + C.$$

故应填 $x^4 + \dfrac{4}{3}x^3 + \dfrac{x^2}{2} + C.$

例 2　求 $\displaystyle\int \cos^2 \frac{x}{2}\mathrm{d}x.$

解　根据倍角公式和直接积分法计算不定积分可得

$$\int \cos^2 \frac{x}{2}\mathrm{d}x = \frac{1}{2}\int(\cos x + 1)\mathrm{d}x = \frac{1}{2}(\sin x + x) + C.$$

【名师点拨】$\displaystyle\int \cos^2 \frac{x}{2}\mathrm{d}x,\int \sin^2 \frac{x}{2}\mathrm{d}x$ 类型的积分运算须先将被积函数降幂,下面的三角函数恒等变形公式在积分计算中经常使用,须熟练掌握.

$$\cos x = 2\cos^2 \frac{x}{2} - 1 = 1 - 2\sin^2 \frac{x}{2} = \cos^2 \frac{x}{2} - \sin^2 \frac{x}{2}.$$

例 3　求 $\displaystyle\int \frac{x^4}{1+x^2}\mathrm{d}x.$

解　$\displaystyle\int \frac{x^4}{1+x^2}\mathrm{d}x = \int \frac{(x^4-1)+1}{1+x^2}\mathrm{d}x = \int(x^2-1)\mathrm{d}x + \int \frac{1}{1+x^2}\mathrm{d}x = \frac{x^3}{3} - x + \arctan x + C.$

【名师点拨】当遇到比较简单的有理分式函数积分时,须对被积函数进行恒等变形,常采用的方法有添项、减项、裂项相加(相减).

- - - - - - - - - - - - - 📖 **真题解析** 📖 - - - - - - - - - - - - - -

考点一　　原函数的概念

【真题 1】 (2019 机械、交通、电气、电子、土木) 设函数 $f(x)$ 在区间 I 内连续,则 $f(x)$ 在 I 内(　　).

　　A. 必存在导函数　　　B. 必存在原函数　　　C. 必有界　　　　　D. 必有极值

解　根据可导与连续的关系可得,可导必连续,连续不一定可导,所以 A 错;

由定积分存在的条件可知,连续的函数必有原函数,所以 B 对;

开区间上的连续函数不一定有界,所以 C 错;

如果区间 I 内 $f(x)$ 的单调性不改变,则无极值,所以 D 错.故应选 B.

【真题 2】(2017 **会计**)如果函数 $f(x)$ 的导函数是 $\sin x$,则 $f(x)$ 的一个原函数为(　　).

A. $1+\sin x$　　　　B. $x-\sin x$　　　　C. $x+\cos x$　　　　D. $1-\cos x$

解　因为 $f'(x)=\sin x$,所以 $\int f'(x)\mathrm{d}x=\int \sin x\,\mathrm{d}x$,即 $f(x)=\int \sin x\,\mathrm{d}x=-\cos x+C_1$,

等式两边再积分得 $\int f(x)\mathrm{d}x=\int(-\cos x+C_1)\mathrm{d}x=-\sin x+C_1 x+C_2$.

取 $C_1=1,C_2=0$,可知选项 B 正确.故应选 B.

考点二　不定积分与导数的逆运算关系

【真题 1】(2020 **高数三**)不定积分 $\int f'(x)\mathrm{d}x=$(　　).

A. $f(x)$　　　　B. $f'(x)$　　　　C. $f(x)+C$　　　　D. $f'(x)+C$

解　由不定积分的定义可得 $\int f'(x)\mathrm{d}x=f(x)+C$.故应选 C.

【真题 2】(2018 **财经**)设 $f'(x^2)=\dfrac{1}{x}(x>0)$,则 $f(x)=$ _____.

解　设 $t=x^2,(t>0)$,因为 $x>0$,解得 $x=\sqrt{t}$,于是 $f'(t)=\dfrac{1}{\sqrt{t}}(t>0)$,

也就是 $f'(x)=\dfrac{1}{\sqrt{x}}(x>0)$,所以 $f(x)=\int f'(x)\mathrm{d}x=2\sqrt{x}+C$.故应填 $2\sqrt{x}+C$.

考点三　直接积分法

【真题 1】(2019 **财经类**)不定积分 $\int(2^x-x^3)\mathrm{d}x$ 的结果为(　　).

A. $2^x\ln2-3x^2+C$　　　　　　　　　B. $\dfrac{2^x}{\ln2}-\dfrac{x^4}{4}+C$

C. $2^x\ln2-\dfrac{1}{4}x^4+C$　　　　　　D. $\dfrac{2^x}{\ln2}-3x^2+C$

解　$\int(2^x-x^3)\mathrm{d}x=\int 2^x\mathrm{d}x-\int x^3\mathrm{d}x=\dfrac{2^x}{\ln2}-\dfrac{x^4}{4}+C$.故应选 B.

【真题 2】(2018 **财经**)不定积分 $\int\dfrac{\mathrm{d}x}{x(x+1)}$ 的结果为(　　).

A. $\ln\left|\dfrac{x+1}{x}\right|+C$　　B. $\ln\left|\dfrac{x}{x+1}\right|+C$　　C. $\ln\dfrac{x+1}{x}+C$　　D. $\ln\dfrac{x}{x+1}+C$

解　$\int\dfrac{\mathrm{d}x}{x(x+1)}=\int(\dfrac{1}{x}-\dfrac{1}{x+1})\mathrm{d}x=\ln|x|-\ln|x+1|+C=\ln\left|\dfrac{x}{x+1}\right|+C$.

故应选 B.

【真题3】 (2016 土木) $\int \sqrt{x}(x^2-5)\mathrm{d}x = $ _____.

解 $\int \sqrt{x}(x^2-5)\mathrm{d}x = \int (x^{\frac{5}{2}} - 5x^{\frac{1}{2}})\mathrm{d}x = \frac{2}{7}x^{\frac{7}{2}} - \frac{10}{3}x^{\frac{3}{2}} + C.$

故应填 $\frac{2}{7}x^{\frac{7}{2}} - \frac{10}{3}x^{\frac{3}{2}} + C.$

◆------------------------ 📖 考纲解读 📖 ------------------------◆

一、最新大纲要求

1. 理解原函数与不定积分的概念.

2. 了解原函数存在定理.

3. 掌握不定积分的性质.

4. 熟练掌握不定积分的基本公式.

二、本节方法综述

1. 原函数与不定积分的概念和它们之间的关系是常考的基本题型之一,理解并掌握两个基本概念,熟练掌握不定积分与求导(微分)之间的互逆运算关系,它们经常结合起来考查.

2. 不定积分的线性性质

$(1) \int kf(x)\mathrm{d}x = k\int f(x)\mathrm{d}x \ (k \neq 0);$

$(2) \int [f(x) \pm g(x)]\mathrm{d}x = \int f(x)\mathrm{d}x \pm \int g(x)\mathrm{d}x.$

推广：$\int [f_1(x) \pm f_2(x) \pm \cdots \pm f_n(x)]\mathrm{d}x = \int f_1(x)\mathrm{d}x \pm \int f_2(x)\mathrm{d}x \pm \cdots \pm \int f_n(x)\mathrm{d}x.$

第二节　换元积分法

◆------------------------ 📖 基本知识 📖 ------------------------◆

把复合函数的微分法反过来用于求不定积分,利用中间变量的代换,得到复合函数的积分法,称为**换元积分法**,简称**换元法**. 换元法通常分成两类,即第一类换元积分法与第二类换元积分法.

一、第一类换元积分法

定理 4.2.1　设函数 $f(u)$ 有原函数 $F(u)$,且 $u = \varphi(x)$ 是可导函数,则有换元公式

$$\int f[\varphi(x)]\varphi'(x)\mathrm{d}x = \int f[\varphi(x)]\mathrm{d}\varphi(x) \xrightarrow{\text{令} u = \varphi(x)} \int f(u)\mathrm{d}u$$
$$= F(u) + C \xrightarrow{u = \varphi(x) \text{代回}} F[\varphi(x)] + C. \qquad (4.2.1)$$

该公式称为**第一换元公式**.

一般地,若求不定积分 $\int g(x)\mathrm{d}x$,如果被积函数 $g(x)$ 可以写成 $f[\varphi(x)]\varphi'(x)$ 即可用此方法解决,过程如下:

$$\int g(x)\mathrm{d}x = \int f[\varphi(x)]\mathrm{d}\varphi(x) \xrightarrow{\varphi(x)=u} \int f(u)\mathrm{d}u = F(u)+C \xrightarrow{u=\varphi(x)} F[\varphi(x)]+C.$$

上式中由 $\varphi'(x)\mathrm{d}x$ 凑成微分 $\mathrm{d}\varphi(x)$ 是关键的一步,因此,第一换元积分法又称为**凑微分法**.要掌握此方法,大家必须能灵活运用微分(或导数)公式及基本积分公式.

【注意】用第一类换元积分法进行积分,关键是把被积函数拆成两部分,使其中一部分与 $\mathrm{d}x$ 凑成微分 $\mathrm{d}\varphi(x)$,另一部分为 $\varphi(x)$ 的函数 $f[\varphi(x)]$.

为了便于使用,特将一些常用的通过凑微分求解的积分形式归纳如下:

(1) $\int f(au+b)\mathrm{d}u = \dfrac{1}{a}\int f(au+b)\mathrm{d}(au+b),(a\neq 0)$;

(2) $\int f(au^n+b)u^{n-1}\mathrm{d}u = \dfrac{1}{na}\int f(au^n+b)\mathrm{d}(au^n+b),(a\neq 0,n\neq 0)$;

(3) $\int f(a^u+b)a^u\mathrm{d}u = \dfrac{1}{\ln a}\int f(a^u+b)\mathrm{d}(a^u+b),(a>0,a\neq 1)$;

(4) $\int f(\sqrt{u})\dfrac{1}{\sqrt{u}}\mathrm{d}u = 2\int f(\sqrt{u})\mathrm{d}(\sqrt{u})$;

(5) $\int f\left(\dfrac{1}{u}\right)\dfrac{1}{u^2}\mathrm{d}u = -\int f\left(\dfrac{1}{u}\right)\mathrm{d}\left(\dfrac{1}{u}\right)$;

(6) $\int f(\ln u)\dfrac{1}{u}\mathrm{d}u = \int f(\ln u)\mathrm{d}(\ln u)$;

(7) $\int f(\sin u)\cos u\,\mathrm{d}u = \int f(\sin u)\mathrm{d}(\sin u)$;

(8) $\int f(\cos u)\sin u\,\mathrm{d}u = -\int f(\cos u)\mathrm{d}(\cos u)$;

(9) $\int f(\tan u)\sec^2 u\,\mathrm{d}u = \int f(\tan u)\mathrm{d}(\tan u)$;

(10) $\int f(\arcsin u)\dfrac{1}{\sqrt{1-u^2}}\mathrm{d}u = \int f(\arcsin u)\mathrm{d}(\arcsin u)$;

(11) $\int f(\arctan u)\dfrac{1}{1+u^2}\mathrm{d}u = \int f(\arctan u)\mathrm{d}(\arctan u)$;

(12) $\int \dfrac{f'(u)}{f(u)}\mathrm{d}u = \ln|f(u)|+C.$

【注意】求同一不定积分,若选用不同的积分方法,可能得出不同形式的积分结果.

二、第二类换元积分法

定理 4.2.2 设 $x=\psi(t)$ 是单调的可导函数,且 $\psi'(t)\neq 0$,又设 $f[\psi(t)]\psi'(t)$ 的一个原函数为 $\Phi(t)$,则

$$\int f(x)\mathrm{d}x \xrightarrow{x=\psi(t)} \int f[\psi(t)]\psi'(t)\mathrm{d}t = \Phi(t)+C \xrightarrow{t=\psi^{-1}(x)\ 代回} \Phi[\psi^{-1}(x)]+C,$$

该公式称为**第二换元公式**.

【注意】(1) 等式右边的不定积分 $\int f[\psi(t)]\psi'(t)\mathrm{d}t$ 要存在;

(2) $\int f[\psi(t)]\psi'(t)\mathrm{d}t$ 求出后必须用 $x=\psi(t)$ 的反函数 $t=\psi^{-1}(x)$ 代回去,即函数 $x=\psi(t)$

必须有反函数.

（3）换元后都需要还原为原变量的函数,即回代.

第二类换元积分法经常用于被积函数中出现根式,且无法用直接积分法和第一类换元积分法计算的题目.利用第二类换元积分法处理被积函数中**有根式**的问题,通过变量代换实现有理化.

-------------------------- 📖 考 点 解 读 📖 --------------------------

在专升本考试中,本节主要考查以下内容:

1. 不定积分的第一类换元积分法（凑微法）.

2. 不定积分的第二类换元积分法.

考点一 第一类换元积分法

【方法归纳】第一类换元积分法中有 12 种常用的凑微分法求解的积分形式（详见基础知识）,在凑微分的过程中可能出现连续多次凑微分,也可能和其他积分方法结合起来.

例 1 设 $f(x)$ 为连续函数,$\int f(x)\mathrm{d}x = F(x) + C$,则下列选项正确的是（ ）.

A. $\int f(ax+b)\mathrm{d}x = F(ax+b) + C$ B. $\int f(x^n)x^{n-1}\mathrm{d}x = F(x^n) + C$

C. $\int f(\ln ax)\dfrac{1}{x}\mathrm{d}x = F(\ln ax) + C, a \neq 0$ D. $\int f(\mathrm{e}^{-x})\mathrm{e}^{-x}\mathrm{d}x = F(\mathrm{e}^{-x}) + C$

解 对于 A 选项,$[F(ax+b)]' = aF'(ax+b) = af(ax+b)$,故选项 A 错误;

对于 B 选项,$[F(x^n)]' = nx^{n-1}F'(x^n) = nx^{n-1}f(x^n)$,故选项 B 错误;

对于 C 选项,$[F(\ln ax)]' = \dfrac{1}{x} \cdot F'(\ln ax) = \dfrac{1}{x}f(\ln ax)$,故选项 C 正确;

对于 D 选项,$[F(\mathrm{e}^{-x})]' = -\mathrm{e}^{-x}F'(\mathrm{e}^{-x}) = -\mathrm{e}^{-x}f(\mathrm{e}^{-x})$,故选项 D 错误.

故应选 C.

【名师点拨】验证不定积分结果正确与否,只需对积分结果求导,如果等于被积函数,则结果正确.

例 2 $\displaystyle\int \dfrac{1}{5x-2}\mathrm{d}x$.

解 令 $u = 5x - 2$,则 $\mathrm{d}u = 5\mathrm{d}x$,则

$$\int \frac{1}{5x-2}\mathrm{d}x = \frac{1}{5}\int \frac{1}{5x-2}(5x-2)'\mathrm{d}x = \frac{1}{5}\int \frac{1}{u}\mathrm{d}u$$

$$= \frac{1}{5}\ln|u| + C = \frac{1}{5}\ln|5x-2| + C.$$

例 3 $\displaystyle\int x\mathrm{e}^{-x^2}\mathrm{d}x = $ _____.

解 令 $u = -x^2$,则 $\mathrm{d}u = -2x\mathrm{d}x$,则

$$\int x\mathrm{e}^{-x^2}\mathrm{d}x = -\frac{1}{2}\int \mathrm{e}^{-x^2}(-x^2)'\mathrm{d}x = -\frac{1}{2}\int \mathrm{e}^u\mathrm{d}u = -\frac{1}{2}\mathrm{e}^u + C = -\frac{1}{2}\mathrm{e}^{-x^2} + C.$$

故应填 $-\dfrac{1}{2}\mathrm{e}^{-x^2}+C$.

例 4 求 $\displaystyle\int\dfrac{1}{x(3\ln x+2)}\mathrm{d}x$.

解 $\displaystyle\int\dfrac{1}{x(3\ln x+2)}\mathrm{d}x=\int\dfrac{1}{3\ln x+2}\mathrm{d}\ln x=\dfrac{1}{3}\int\dfrac{1}{3\ln x+2}\mathrm{d}(3\ln x+2)$

$$=\dfrac{1}{3}\ln|3\ln x+2|+C.$$

例 5 求 $\displaystyle\int\dfrac{\mathrm{e}^{\sqrt[3]{x}}}{\sqrt{x}}\mathrm{d}x$.

解法一 由于 $\mathrm{d}\sqrt{x}=\dfrac{1}{2}\dfrac{\mathrm{d}x}{\sqrt{x}}$,因此

$$\int\dfrac{\mathrm{e}^{\sqrt[3]{x}}}{\sqrt{x}}\mathrm{d}x=2\int\mathrm{e}^{\sqrt[3]{x}}\mathrm{d}\sqrt{x}=\dfrac{2}{3}\int\mathrm{e}^{\sqrt[3]{x}}\mathrm{d}(3\sqrt{x})=\dfrac{2}{3}\mathrm{e}^{\sqrt[3]{x}}+C.$$

解法二 设 $\sqrt{x}=t$,则 $x=t^2$,$\mathrm{d}x=2t\mathrm{d}t$,于是

$$\int\dfrac{\mathrm{e}^{\sqrt[3]{x}}}{\sqrt{x}}\mathrm{d}x=\int\dfrac{\mathrm{e}^{3t}}{t}2t\mathrm{d}t=2\int\mathrm{e}^{3t}\mathrm{d}t=\dfrac{2}{3}\int\mathrm{e}^{3t}\mathrm{d}(3t)=\dfrac{2}{3}\mathrm{e}^{3t}+C=\dfrac{2}{3}\mathrm{e}^{\sqrt[3]{x}}+C.$$

【名师点拨】解法一用了两次凑微分,多种凑微分形式连续使用是常见的情形,解法二先做变量代换后再凑微分,做变量代换后必须回代.

例 6 已知 $f(\mathrm{e}^x)=x+1$,则 $\displaystyle\int\dfrac{f(x)}{x}\mathrm{d}x=$ _____.

解 令 $\mathrm{e}^x=t$,所以 $x=\ln t$,于是 $f(t)=1+\ln t$,即 $f(x)=1+\ln x$,从而

$$\int\dfrac{f(x)}{x}\mathrm{d}x=\int\dfrac{1+\ln x}{x}\mathrm{d}x=\int(1+\ln x)\mathrm{d}\ln x=\dfrac{1}{2}\ln^2 x+\ln x+C.$$

故应填 $\dfrac{1}{2}\ln^2 x+\ln x+C$.

考点二 第二类换元积分法

【方法归纳】第二类换元积分法主要是解决去根号的问题. 第二类换元积分法常用的换元方式为:

(1)若被积函数中含有 $\sqrt[n]{ax+b}$ 的形式,可以直接作变量代换 $\sqrt[n]{ax+b}=t$.

(2)常用的三角换元有

① 被积函数中含有 $\sqrt{a^2-x^2}(a>0)$,令 $x=a\sin t$;

② 被积函数中含有 $\sqrt{x^2+a^2}(a>0)$,令 $x=a\tan t$;

③ 被积函数中含有 $\sqrt{x^2-a^2}(a>0)$,令 $x=a\sec t$.

例 1 $\int \dfrac{\mathrm{d}x}{1+\sqrt{2x}}$.

解　令 $\sqrt{2x}=t$，则 $x=\dfrac{t^2}{2}$，$\mathrm{d}x=t\mathrm{d}t$，则

$$\int \frac{\mathrm{d}x}{1+\sqrt{2x}}=\int \frac{t}{1+t}\mathrm{d}t=\int \frac{t+1-1}{1+t}\mathrm{d}t=\int(1-\frac{1}{1+t})\mathrm{d}t=t-\ln|1+t|+C$$

$$=\sqrt{2x}-\ln|1+\sqrt{2x}|+C.$$

例 2　求 $\int \dfrac{\mathrm{d}x}{\sqrt{x}(1+\sqrt[3]{x})}$.

解　令 $x=t^6(t>0)$，则 $t=\sqrt[6]{x}$，这时

$$\int \frac{\mathrm{d}x}{\sqrt{x}(1+\sqrt[3]{x})}=\int \frac{\mathrm{d}t^6}{t^3(1+t^2)}=\int \frac{6t^5\mathrm{d}t}{t^3(1+t^2)}=\int \frac{6t^2\mathrm{d}t}{1+t^2}=6\int \frac{t^2+1-1\mathrm{d}t}{1+t^2}$$

$$=6\int(1-\frac{1}{1+t^2})\mathrm{d}t=6(t-\arctan t)+C=6(\sqrt[6]{x}-\arctan\sqrt[6]{x})+C.$$

【名师点拨】如果被积函数出现 $\sqrt[n]{x}$ 和 $\sqrt[m]{x}$，我们一般先求得 n 和 m 的最小公倍数 a，令 $x=t^a$，这样就可把被积函数中的根号去掉，然后选取合适方法求解不定积分.

例 3　求不定积分 $\int \dfrac{\mathrm{d}x}{(1-x^2)^{\frac{3}{2}}}$.

解　令 $x=\sin t$，$t\in(-\dfrac{\pi}{2},\dfrac{\pi}{2})$ 则 $\mathrm{d}x=\cos t\mathrm{d}t$，

$$原式=\int \frac{\cos t}{(1-\sin^2 t)^{\frac{3}{2}}}\mathrm{d}t=\int \frac{\cos t}{(\cos^2 t)^{\frac{3}{2}}}\mathrm{d}t=\int \frac{1}{\cos^2 t}\mathrm{d}t=\int \sec^2 t\mathrm{d}t=\tan t+C$$

图 4.2.2

$$=\frac{x}{\sqrt{1-x^2}}+C.（见图 4.2.2）$$

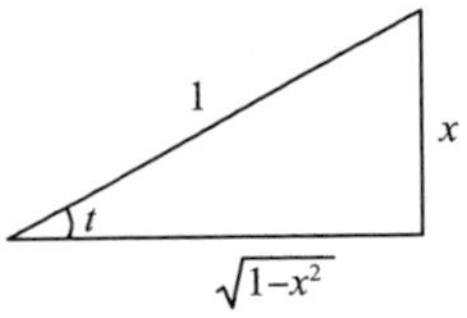

例 4　求 $\int x^3\cdot\sqrt{1+x^2}\,\mathrm{d}x$.

解法一　设 $x=\tan t$，则 $\mathrm{d}x=\sec^2 t\mathrm{d}t$，于是

$$\int x^3\cdot\sqrt{1+x^2}\,\mathrm{d}x=\int \tan^3 t\cdot\sec^3 t\mathrm{d}t=\int \tan^2 t\cdot\sec^2 t\mathrm{d}(\sec t)$$

图 4.2.3

$$=\int(\sec^4 t-\sec^2 t)\mathrm{d}(\sec t)=\frac{1}{5}\sec^5 t-\frac{1}{3}\sec^3 t+C$$

$$=\frac{1}{5}(1+x^2)^{\frac{5}{2}}-\frac{1}{3}(1+x^2)^{\frac{3}{2}}+C.（见图 4.2.3）$$

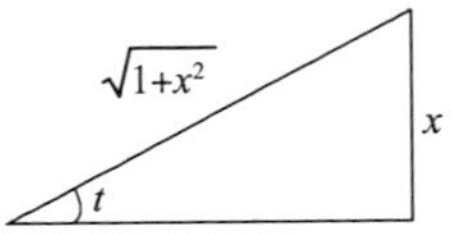

解法二

$$\int x^3\cdot\sqrt{1+x^2}\,\mathrm{d}x=\frac{1}{2}\int x^2\cdot\sqrt{1+x^2}\,\mathrm{d}x^2$$

$$=\frac{1}{2}\int(1+x^2-1)\cdot\sqrt{1+x^2}\,\mathrm{d}(1+x^2)$$

$$=\frac{1}{2}\int(1+x^2)^{\frac{3}{2}}\mathrm{d}(1+x^2)-\frac{1}{2}\int(1+x^2)^{\frac{1}{2}}\mathrm{d}(1+x^2)$$

$$=\frac{1}{5}(1+x^2)^{\frac{5}{2}}-\frac{1}{3}(1+x^2)^{\frac{3}{2}}+C.$$

真题解析

考点一　第一类换元积分法

【真题 1】（2021 高数三）已知 $\int f(x)\mathrm{d}x = F(x) + C$，则 $\int f(3x+2)\mathrm{d}x = ($　　$)$.

A. $F(3x+2) + C$　　　　　　　　B. $3F(3x+2) + C$

C. $\dfrac{1}{2}F(3x+2) + C$　　　　　　D. $\dfrac{1}{3}F(3x+2) + C$

解　$\displaystyle\int f(3x+2)\mathrm{d}x = \frac{1}{3}\int f(3x+2)\mathrm{d}(3x+2) = \frac{1}{3}F(3x+2) + C.$

故应选 D.

【真题 2】（2021 高数三）求不定积分 $\displaystyle\int \frac{x-3}{x^2+1}\mathrm{d}x$.

解　$\displaystyle\int \frac{x-3}{x^2+1}\mathrm{d}x = \frac{1}{2}\int \frac{1}{x^2+1}\mathrm{d}(x^2+1) - \int \frac{3}{x^2+1}\mathrm{d}x = \frac{1}{2}\ln(x^2+1) - 3\arctan x + C.$

【真题 3】（2020 高数三）求不定积分 $\displaystyle\int \frac{2x^2\cos 4x - 3}{x^2}\mathrm{d}x$.

解　$\displaystyle\int \frac{2x^2\cos 4x - 3}{x^2}\mathrm{d}x = 2\int \cos 4x\,\mathrm{d}x - 3\int \frac{1}{x^2}\mathrm{d}x = \frac{1}{2}\sin 4x + \frac{3}{x} + C.$

【真题 4】（2020 高数二）求不定积分 $\displaystyle\int \frac{1+\ln x}{x}\mathrm{d}x$.

解　$\displaystyle\int \frac{1+\ln x}{x}\mathrm{d}x = \int \frac{1}{x}\mathrm{d}x + \int \frac{\ln x}{x}\mathrm{d}x = \ln x + \int \ln x\,\mathrm{d}\ln x = \ln x + \frac{1}{2}\ln^2 x + C.$

考点二　第二类换元积分法

【真题 1】（2018 财经）求不定积分 $\displaystyle\int \frac{\cos\sqrt{x}}{\sqrt{x}}\mathrm{d}x$.

解　令 $t = \sqrt{x}\,(t > 0)$，则 $x = t^2$，$\mathrm{d}x = 2t\,\mathrm{d}t$，

$$\int \frac{\cos\sqrt{x}}{\sqrt{x}}\mathrm{d}x = \int \frac{\cos t}{t}\cdot 2t\,\mathrm{d}t = 2\int \cos t\,\mathrm{d}t = 2\sin t + C = 2\sin\sqrt{x} + C.$$

【真题 2】（2014 工商）求不定积分 $\displaystyle\int \sqrt{\mathrm{e}^x - 1}\,\mathrm{d}x$.

解　设 $\sqrt{\mathrm{e}^x - 1} = t$，$x = \ln(t^2+1)$，$\mathrm{d}x = \dfrac{2t}{t^2+1}\mathrm{d}t$，则

$$\int \sqrt{\mathrm{e}^x - 1}\,\mathrm{d}x = \int \frac{2t^2}{t^2+1}\mathrm{d}t = 2\int \frac{t^2+1-1}{t^2+1} = 2\int \left(1 - \frac{1}{t^2+1}\right) = 2t - 2\arctan t + C$$

$$= 2\sqrt{\mathrm{e}^x - 1} - 2\arctan\sqrt{\mathrm{e}^x - 1} + C.$$

【名师点拨】当被积函数中含有 x 的根式时，一般可作代换去掉根式，将原积分化成有理函数的积分再求积分．这种代换常称为有理代换．

------------------------- 📖 **考 纲 解 读** 📖 -------------------------

一、最新大纲要求

1. 熟练掌握不定积分的第一类换元积分法.

2. 熟练掌握不定积分的第二类换元积分法.

二、本节方法综述

1. 第一类换元积分法(凑微分法)

第一类换元积分法是计算不定积分最基本方法之一,它的特点是根据一阶微分形式的不变性,将被积函数凑成基本公式中的形式,然后套用公式即

$$原式 \xrightarrow{恒等变形} \int f[\varphi(x)]\varphi'(x)\mathrm{d}x \xrightarrow{凑微分} \int f[\varphi(x)]\mathrm{d}\varphi(x)$$

$$\xrightarrow{换元\varphi(x)=u} \int f(u)\mathrm{d}u \xrightarrow{利用公式} F(u)+C \xrightarrow{回代u=\varphi(x)} F[\varphi(x)]+C.$$

"凑微分"法是非常有用的,下面介绍一些常用的凑微分的等式:

(1) $\int f(ax+b)\mathrm{d}u = \dfrac{1}{a}\int f(ax+b)\mathrm{d}(ax+b)(a \neq 0),u=ax+b;$

(2) $\int f(\ln x)\dfrac{1}{x}\mathrm{d}x = \int f(\ln x)\mathrm{d}(\ln x),u=\ln x;$

(3) $\int f\left(\dfrac{1}{x}\right)\dfrac{1}{x^2}\mathrm{d}x = -\int f\left(\dfrac{1}{x}\right)\mathrm{d}\left(\dfrac{1}{x}\right),u=\dfrac{1}{x};$

(4) $\int f(\sqrt{x})\dfrac{1}{\sqrt{x}}\mathrm{d}x = 2\int f(\sqrt{x})\mathrm{d}(\sqrt{x}),u=\sqrt{x};$

(5) $\int f(\mathrm{e}^x)\mathrm{e}^x\mathrm{d}x = \int f(\mathrm{e}^x)\mathrm{d}(\mathrm{e}^x),u=\mathrm{e}^x;$

(6) $\int f(\sin x)\cos x\mathrm{d}x = \int f(\sin x)\mathrm{d}(\sin x),u=\sin x;$

(7) $\int f(\cos x)\sin x\mathrm{d}u = -\int f(\cos x)\mathrm{d}(\cos x),u=\cos x;$

(8) $\int f(\tan x)\sec^2 x\mathrm{d}x = \int f(\tan x)\mathrm{d}(\tan x),u=\tan x;$

(9) $\int f(\arctan x)\dfrac{1}{1+x^2}\mathrm{d}x = \int f(\arctan x)\mathrm{d}(\arctan x),u=\arctan x;$

(10) $\int f(\arcsin x)\dfrac{1}{\sqrt{1-x^2}}\mathrm{d}x = \int f(\arcsin x)\mathrm{d}(\arcsin x),u=\arcsin x.$

2. 第二类换元积分法

第二类换元积分法是将被积函数的自变量 x 设为某一新的变量 t 的函数 $x=\varphi(t)$,$\varphi(t)$ 具有连续导数且 $\varphi'(t) \neq 0$,目的是保证 $\int f[\varphi(t)]\varphi'(t)\mathrm{d}t$ 可积及 $x=\varphi(t)$ 有连续可导的反函数.

这种代换形式上是化简为繁,但目的是为了贴近基本积分公式,化难为易,顺利求出积分结果,第二类换元积分法中常用的"去根号"有:

(1) 根式代换   令 $\sqrt[n]{ax+b}=t.$

(2) 三角代换

① 被积函数中含有 $\sqrt{a^2-x^2}$ ，令 $x=a\sin t$ ；

② 被积函数中含有 $\sqrt{x^2+a^2}$ ，令 $x=a\tan t$ ；

③ 被积函数中含有 $\sqrt{x^2-a^2}$ ，令 $x=a\sec t$.

第三节　分部积分法

◆------------------------ 📖 基 本 知 识 📖 ------------------------◆

定理 4.3.1　设 $u=u(x),v=v(x)$ 在区间 I 上都有连续的导数，则有

$$\int u(x)v'(x)\mathrm{d}x=u(x)v(x)-\int u'(x)v(x)\mathrm{d}x,$$

即 $\int u(x)\mathrm{d}[v(x)]=u(x)v(x)-\int v(x)\mathrm{d}[u(x)]$ ，简记为

$$\int u\,\mathrm{d}v=uv-\int v\,\mathrm{d}u.$$

上述公式被称为分部积分公式，其实质是求函数乘积的导数的逆过程. 如果求 $\int u(x)v'(x)\mathrm{d}x$ 有困难，而求 $\int u'(x)v(x)\mathrm{d}x$ 比较容易时，分部积分公式就可以起到化难为易的转化作用.

分部积分法应用的基本步骤可归纳为：

$$\int f(x)\mathrm{d}x=\int u(x)\cdot v'(x)\mathrm{d}x=\int u(x)\mathrm{d}v(x)=u(x)\cdot v(x)-\int v(x)\mathrm{d}u(x).$$

分部积分法的关键在于适当地选择 u 和 $\mathrm{d}v$. 选取 u 和 $\mathrm{d}v$ 一般要考虑下面两点：

(1) 由 $v'(x)\mathrm{d}x$ 要容易转换为 $\mathrm{d}v(x)$ ；

(2) $\int v(x)\mathrm{d}u(x)$ 要比 $\int u(x)\mathrm{d}v(x)$ 容易积分.

在分部积分法中主要遇到的是两种不同类型的函数乘积进行积分运算，我们将基本初等函数按照"**反、对、幂、三、指**"的顺序进行排列，排序在后的看成是 v' . 若是单一的反三角函数或对数函数等积分时，设 $\mathrm{d}v=\mathrm{d}x$ ，即给定的积分可直接利用分部积分公式.

◆------------------------ 📖 考 点 解 读 📖 ------------------------◆

在专升本考试中，本节主要的考点只有一个：不定积分的分部积分法.

考点一　被积函数是两种不同类型的函数乘积

【方法归纳】不同类型的函数乘积的积分一般选用分部积分法求解，先将两个函数按照"反、对、幂、三、指"的顺序排列，排在后面的函数凑微分，然后用分部积分公式.

例1　求 $\int x\sin x\,\mathrm{d}x$.

解　根据分部积分法可得

$$\int x\sin x\,\mathrm{d}x=-\int x\,\mathrm{d}\cos x=-x\cos x+\int \cos x\,\mathrm{d}x=-x\cos x+\sin x+C.$$

【名师点拨】本题中被积函数为幂函数 x 和三角函数 $\sin x$ 乘积,三角函数排序在后,所以将 $\sin x$ 凑微,使用分部积分法.

例 2 求不定积分 $\int x^2 e^{-x} dx$.

解 根据分部积分公式得

$$\int x^2 e^{-x} dx = -\int x^2 de^{-x} = -x^2 e^{-x} + 2\int x e^{-x} dx = -x^2 e^{-x} - 2\int x de^{-x}$$

$$= -x^2 e^{-x} - 2x e^{-x} + 2\int e^{-x} dx = e^{-x}(-x^2 - 2x - 2) + C.$$

【名师点拨】分部积分法可以连续使用.

例 3 已知 $f(\ln x) = x$,则 $\int x f(x) dx = $ _____.

解 令 $\ln x = t$,则 $x = e^t$,$f(t) = e^t$,即 $f(x) = e^x$,所以有

$$\int x f(x) dx = \int x e^x dx = \int x de^x = x e^x - \int e^x dx = x e^x - e^x + C.$$

故应填 $x e^x - e^x + C$.

【名师点拨】由于复合函数 $f(\ln x)$ 的表达式 $f(\ln x) = x$ 已知,先求得 $f(x)$ 的函数表达式后带入积分,然后再利用分部积分公式求解.

例 4 设 $f(x)$ 的一个原函数为 e^{x^2},求 $\int x f''(x) dx$.

解 $\int x f''(x) dx = \int x df'(x) = x f'(x) - \int f'(x) dx = x f'(x) - f(x) + C.$

由于 $f(x) = 2x e^{x^2}$,则 $f'(x) = 2e^{x^2} + 4x^2 e^{x^2}$,所以 $\int x f''(x) dx = 4x^3 e^{x^2} + C.$

【名师点拨】当被积函数中含有抽象函数 $f'(x)$ 或者 $f''(x)$ 时,我们通常可将 $f'(x)$ 或 $f''(x)$ 与 dx 凑微分,凑成 $df(x)$ 或 $df'(x)$,然后按照分部积分公式进行求解.

考点二 被积函数是单一函数

【方法归纳】单一的对数型函数或反三角形型函数的积分,使用分部积分公式时,将 dx 看作 dv.

例 求 $\int \ln x \, dx$.

解 设 $u = \ln x$,$dv = dx$,则 $du = \dfrac{1}{x} dx$,$v = x$. 应用分部积分公式得

$$\int \ln x \, dx = x \ln x - \int x \cdot \frac{dx}{x} = x \ln x - x + C.$$

例 2 $\int \text{arccot} x \, dx = $ _____.

解 根据分部积分公式可得

$$\int \mathrm{arccot}\,x\,\mathrm{d}x = x\,\mathrm{arccot}\,x - \int x \cdot \frac{-1}{1+x^2}\mathrm{d}x = x\,\mathrm{arccot}\,x + \frac{1}{2}\int \frac{1}{1+x^2}\mathrm{d}(1+x^2)$$

$$= x\,\mathrm{arccot}\,x + \frac{1}{2}\ln(1+x^2) + C$$

故应填 $x\,\mathrm{arccot}\,x + \dfrac{1}{2}\ln(1+x^2) + C$.

考点三　回归法

【方法归纳】有一类不定积分,当我们对原不定积分使用分部积分公式后,等式右端的积分与等式左端的积分是同一类型的. 对右端的积分再用一次分部积分法,原积分便又出现在等式右端(形如 $\int f(x)\mathrm{d}x = F(x) + \alpha\int f(x)\mathrm{d}x\,(\alpha \neq 1)$). 这时,我们把原积分看作"未知量",通过解方程的方法解出原积分.

【注意】最后通过解方程解出原积分后,因等式右端已不包含积分项,所以必须加上任意常数 C.

例　求 $\int \mathrm{e}^x \sin x\,\mathrm{d}x$.

解　设 $u = \mathrm{e}^x$, $\mathrm{d}v = \sin x\,\mathrm{d}x$,那么 $\mathrm{d}u = \mathrm{e}^x\,\mathrm{d}x$, $v = -\cos x$.

于是 $\int \mathrm{e}^x \sin x\,\mathrm{d}x = -\mathrm{e}^x \cos x + \int \mathrm{e}^x \cos x\,\mathrm{d}x$.

等式右端的积分与左端的积分是同一类型的. 对右端的积分再用一次分部积分公式,即

$$\int \mathrm{e}^x \cos x\,\mathrm{d}x = \int \mathrm{e}^x \mathrm{d}\sin x = \mathrm{e}^x \sin x - \int \mathrm{e}^x \sin x\,\mathrm{d}x,$$

于是 $\int \mathrm{e}^x \sin x\,\mathrm{d}x = -\mathrm{e}^x \cos x + \mathrm{e}^x \sin x - \int \mathrm{e}^x \sin x\,\mathrm{d}x$.

由于上式右端的第三项就是所求的积分 $\int \mathrm{e}^x \sin x\,\mathrm{d}x$,把它移到等号左端去,再两端同除以 2,得 $\int \mathrm{e}^x \sin x\,\mathrm{d}x = \dfrac{1}{2}\mathrm{e}^x(\sin x - \cos x) + C$.

------------------------------ 真题解析 ------------------------------

考点一　被积函数是两种不同类型的函数乘积

【真题1】(2021 **高数一**) 求不定积分 $\displaystyle\int \frac{\ln(1+x^2)}{x^2}\mathrm{d}x$.

解　$\displaystyle\int \frac{\ln(1+x^2)}{x^2}\mathrm{d}x = -\int \ln(1+x^2)\mathrm{d}\left(\frac{1}{x}\right) = -\frac{\ln(1+x^2)}{x} + \int \frac{1}{x}\mathrm{d}\ln(1+x^2)$

$$= -\frac{\ln(1+x^2)}{x} + \int \frac{2}{1+x^2}\mathrm{d}x = -\frac{\ln(1+x^2)}{x} + 2\arctan x + C.$$

【真题2】(2017 **电气**) 计算 $\displaystyle\int x^2 \arctan x\,\mathrm{d}x$.

解　根据分部积分法可得

$$\int x^2 \arctan x \, dx = \frac{1}{3} \int \arctan x \, dx^3 = \frac{1}{3} \left(x^3 \arctan x - \int x^3 \cdot \frac{1}{1+x^2} dx \right)$$

$$= \frac{1}{3} x^3 \arctan x - \frac{1}{3} \int x \, dx + \frac{1}{3} \int \frac{x}{1+x^2} dx$$

$$= \frac{1}{3} x^3 \arctan x - \frac{x^2}{6} + \frac{1}{6} \ln(1+x^2) + C.$$

考点二　被积函数是单一函数

【真题】（2017 交通）求 $\displaystyle\int \frac{x^2 \arctan x}{1+x^2} dx$.

解　根据分部积分法可得

$$原式 = \int \arctan x \, dx - \int \frac{\arctan x}{1+x^2} dx = x \arctan x - \int \frac{x}{1+x^2} dx - \frac{1}{2}(\arctan x)^2$$

$$= x \arctan x - \frac{1}{2} \ln(1+x^2) - \frac{1}{2}(\arctan x)^2 + C.$$

【名师点拨】本题属于综合题，需先对被积函数恒等变形，然后分别用分部积分法和凑微分法.

考点三　回归法

【真题】（2016 经济）求不定积分 $\displaystyle\int \frac{e^{\sqrt{x}} \sin\sqrt{x}}{2\sqrt{x}} dx$.

解　令 $\sqrt{x} = t$, $x = t^2$, $dx = 2t \, dt$,

$$原式 = \int e^t \sin t \, dt = \int \sin t \, de^t = e^t \sin t - \int e^t \cos t \, dt = e^t \sin t - \int \cos t \, de^t$$

$$= e^t \sin t - e^t \cos t + \int e^t \, d\cos t = e^t \sin t - e^t \cos t - \int e^t \sin t \, dt,$$

上式出现了 $\displaystyle\int e^t \sin t \, dt$ 循环过程，可以设 $I = \displaystyle\int e^t \sin t \, dt$，则 $I = e^t \sin t - e^t \cos t - I$,

解方程得

$$原式 = I = \frac{1}{2} e^t (\sin t - \cos t) + C = \frac{1}{2} e^{\sqrt{x}} (\sin\sqrt{x} - \cos\sqrt{x}) + C.$$

◆------------------------------- 📖 考 纲 解 读 📖 -------------------------------◆

一、最新大纲要求

熟练掌握不定积分的分部积分法.

二、本节方法综述

分部积分公式：$\displaystyle\int u \, dv = uv - \int v \, du$.

1. 使用原则：v 易求出，$\displaystyle\int v \, du$ 比 $\displaystyle\int u \, dv$ 易计算.

2. 使用经验：将基本初等函数按照"反、对、幂、三、指"的顺序进行排列，排序在后的看成是 v'.

第五章　　定积分及其应用

　　定积分是积分学的另一个重要概念,它在几何、物理、经济学等各方面都有广泛的应用.在备考中需要理解定积分的概念、几何意义、性质,掌握积分上限函数及其求导定理,熟练掌握定积分的计算与几何应用.

-------------------- 知 识 梳 理 --------------------

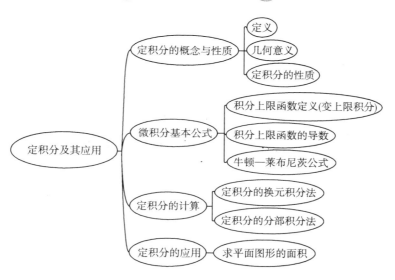

第一节　　定积分的概念与性质

-------------------- 基 本 知 识 --------------------

一、引例(曲边梯形的面积问题)

　　设函数 $y=f(x)$ 在区间 $[a,b]$ 上非负连续,由曲线 $y=f(x)$,直线 $x=a$,$x=b$ 以及 x 轴所围成图形称为**曲边梯形**,如图 5.1.1 所示.

　　现在分析如何计算曲边梯形的面积 A.由于曲边梯形的高度 $f(x)$ 在它底边所在区间 $[a,b]$ 上是变化的,因而不能直接用矩形的面积公式

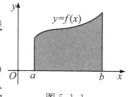

图 5.1.1

来计算.但由 $f(x)$ 的连续性知,在底边很小时,可以用矩形的面积近似代替曲边梯形的面积.因此当把整个曲边梯形分割成一些底边很小的小曲边梯形时,就可以用这些小矩形的面积之和来近似代替所求的曲边梯形的面积.根据以上分析,我们可以按以下步骤计算曲边梯形面

积 A.

1. 分割

在区间 $[a,b]$ 里面任意插入 $n-1$ 个分点,即

$$a=x_0<x_1<\cdots<x_{n-1}<x_n=b,$$

将区间分成 n 份,得到 n 个小区间 $[x_{i-1},x_i]$,每个小区间用 Δx_i 来表示,同时用 Δx_i 表示该区间的长度,即 $\Delta x_i=x_i-x_{i-1}(i=1,2,\cdots,n)$. 过每个分点做直线 $x=x_i(i=1,2,\cdots,n-1)$,这样,整个曲边梯形被分割成了 n 个小的曲边梯形,如图 5.1.2 所示. 每个小曲边梯形的面积记为 ΔA_i.

2. 近似

任取小区间 $[x_{i-1},x_i]$,在其中任取一点 ξ_i,以 $f(\xi_i)$ 为高,以 Δx_i 为宽,作小矩形,如图 5.1.3 所示. 小矩形的面积为 $f(\xi_i)\Delta x_i$,用该结果近似代替 $[x_{i-1},x_i]$ 上的小曲边梯形的面积 ΔA_i,即 $\Delta A_i\approx f(\xi_i)\Delta x$.

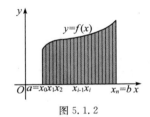

图 5.1.2　　　　　　　图 5.1.3

3. 求和

把所有的小矩形面积求和 $\sum_{i=1}^{n}f(\xi_i)\Delta x_i$,得到整个曲边梯形面积 A 的近似值,即 $A\approx\sum_{i=1}^{n}f(\xi_i)\Delta x_i$,如图 5.1.4 所示.

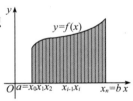

图 5.1.4

4. 取极限

将区间无限分割,分得越细,误差越小. 设 λ 是 n 个小区间 $\Delta x_i(i=1,2,\cdots,n)$ 中最大长度,即 $\lambda=\max_{1\leqslant i\leqslant n}\{\Delta x_i\}$. 最后取极限 $\lim_{\lambda\to 0}\sum_{i=1}^{n}f(\xi_i)\Delta x_i$,那么,所求曲边梯形的面积 A 就等于 $\lim_{\lambda\to 0}\sum_{i=1}^{n}f(\xi_i)\Delta x_i$,即 $A=\lim_{\lambda\to 0}\sum_{i=1}^{n}f(\xi_i)\Delta x_i$.

二、定积分的概念

1. 定积分的定义

定义 5.1.1　设函数 $y=f(x)$ 在区间 $[a,b]$ 上有界,在 $[a,b]$ 里面任意插入 $n-1$ 个分点 $a=x_0<x_1<\cdots<x_{n-1}<x_n=b$,将区间 $[a,b]$ 分成 n 个小区间 $[x_{i-1},x_i](i=1,2,\cdots,n)$,每个小区间的长度记为 $\Delta x_i=x_i-x_{i-1}(i=1,2,\cdots,n)$,在每个小区间上任取一点 $\xi_i\in[x_{i-1},x_i]$,作乘积 $f(\xi_i)\Delta x_i$,再求和 $\sum_{i=1}^{n}f(\xi_i)\Delta x_i$. 记 $\lambda=\max_{1\leqslant i\leqslant n}\{\Delta x_i\}$,取 $\lambda\to 0$ 时上述和式的极

限 $\lim\limits_{\lambda \to 0}\sum\limits_{i=1}^{n}f(\xi_i)\Delta x_i$,如果该极限存在,则称函数 $f(x)$ 在区间 $[a,b]$ 上可积,此极限值为函数 $f(x)$ 在区间 $[a,b]$ 上的定积分,记作 $\int_a^b f(x)\mathrm{d}x$,即

$$\int_a^b f(x)\mathrm{d}x = \lim\limits_{\lambda \to 0}\sum\limits_{i=1}^{n}f(\xi_i)\Delta x_i,$$

其中 $f(x)$ 称为**被积函数**,$f(x)\mathrm{d}x$ 称为**被积表达式**,x 称为积分变量,$[a,b]$ 称为积分区间,a 称为积分下限,b 称为积分上限,$\sum\limits_{i=1}^{n}f(\xi_i)\Delta x_i$ 称为 $f(x)$ 在 $[a,b]$ 上的**积分和**.

【注意】(1) 定积分 $\int_a^b f(x)\mathrm{d}x$ 是一个数值,定积分存在与否与区间的分法和每个小区间内 ξ_i 的选取无关. 它只与被积函数 $f(x)$ 和积分区间 $[a,b]$ 有关,而与积分变量的符号也无关,即

$$\int_a^b f(x)\mathrm{d}x = \int_a^b f(t)\mathrm{d}t = \int_a^b f(u)\mathrm{d}u.$$

(2) 规定:

① 当 $a=b$ 时,$\int_a^a f(x)\mathrm{d}x=0$;② 当 $a>b$ 时,$\int_a^b f(x)\mathrm{d}x=-\int_b^a f(x)\mathrm{d}x$.

2. 定积分存在的充分条件与必要条件

定理 5.1.1 （定积分存在的充分条件）

(1) 函数 $f(x)$ 在闭区间 $[a,b]$ 上连续,则函数 $y=f(x)$ 在区间 $[a,b]$ 上可积;

(2) 函数 $f(x)$ 在闭区间 $[a,b]$ 上有界,且有有限个间断点,则函数 $y=f(x)$ 在区间 $[a,b]$ 上可积.

定理 5.1.2 （定积分存在的必要条件）函数 $f(x)$ 在闭区间 $[a,b]$ 上可积,则函数 $y=f(x)$ 在区间 $[a,b]$ 上有界,反之不成立.

3. 定积分的几何意义

(1) 在 $[a,b]$ 上函数 $f(x) \geqslant 0$ 时,定积分 $\int_a^b f(x)\mathrm{d}x$ 表示的是由函数 $y=f(x)$,直线 $x=a$,$x=b$ 和 x 轴所围成的曲边梯形的面积.

(2) 在 $[a,b]$ 上函数 $f(x) \leqslant 0$ 时,定积分 $\int_a^b f(x)\mathrm{d}x$ 的值是一个负值,这时可以理解为是由函数 $y=f(x)$,直线 $x=a$,$x=b$ 和 x 轴所围成的曲边梯形(在 x 轴的下方)的面积的相反数.

(3) 在 $[a,b]$ 上函数 $f(x)$ 有正、有负时,定积分 $\int_a^b f(x)\mathrm{d}x$ 表示由函数 $y=f(x)$,直线 $x=a$,$x=b$ 和 x 轴所围成的图形各部分面积的代数和. 例如,如图 5.1.5 所示,则有

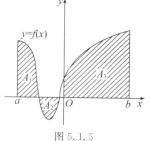

图 5.1.5

$$\int_a^b f(x)\mathrm{d}x = A_1 - A_2 + A_3.$$

特别地,当 $f(x)=1$ 时,有 $\int_a^b \mathrm{d}x = b-a$.

利用定积分的几何意义可以计算定积分,比如要计算定积分 $\int_0^1 \sqrt{1-x^2}\,\mathrm{d}x$,由定积分的几何意义,知 $\int_0^1 \sqrt{1-x^2}\,\mathrm{d}x$ 在数值上等于由曲线 $y=\sqrt{1-x^2}$,直线 $x=0,x=1$ 以及 x 轴所围成的图形的面积 A. 即单位圆面积的四分之一,所以 $A=\dfrac{\pi}{4}$,如图 5.1.6 所示.即 $\int_0^1 \sqrt{1-x^2}\,\mathrm{d}x=\dfrac{\pi}{4}$.

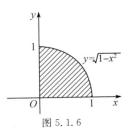

图 5.1.6

三、定积分的性质

以下性质中假设函数均在给定区间 $[a,b]$ 上可积.

性质 5.1.1 $\displaystyle\int_a^b [f(x)\pm g(x)]\mathrm{d}x = \int_a^b f(x)\mathrm{d}x \pm \int_a^b g(x)\mathrm{d}x.$

此性质还可以推广到有限个函数和与差的情况,即

$$\int_a^b [f_1(x)\pm f_2(x)\pm\cdots\pm f_n(x)]\mathrm{d}x = \int_a^b f_1(x)\mathrm{d}x \pm \int_a^b f_2(x)\mathrm{d}x \pm\cdots\pm \int_a^b f_n(x)\mathrm{d}x.$$

性质 5.1.2 $\displaystyle\int_a^b kf(x)\mathrm{d}x = k\int_a^b f(x)\mathrm{d}x\,(k\text{ 是常数}).$

性质 5.1.1 和性质 5.1.2 可由定积分的定义得到,上述两个性质称为定积分的线性性质.

性质 5.1.3(区间可加性) 设 a,b,c 是三个任意的实数,则

$$\int_a^b f(x)\mathrm{d}x = \int_a^c f(x)\mathrm{d}x + \int_c^b f(x)\mathrm{d}x.$$

以 $f(x)\geqslant 0$ 为例,当 c 在 a,b 之间时,如图 5.1.7 所示,显然

$$\int_a^b f(x)\mathrm{d}x = \int_a^c f(x)\mathrm{d}x + \int_c^b f(x)\mathrm{d}x;$$

当 c 在 a,b 之外时,如图 5.1.8 所示,则有

$$\int_a^b f(x)\mathrm{d}x = -\int_c^a f(x)\mathrm{d}x + \int_c^b f(x)\mathrm{d}x = \int_a^c f(x)\mathrm{d}x + \int_c^b f(x)\mathrm{d}x.$$

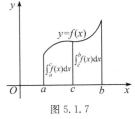

图 5.1.7

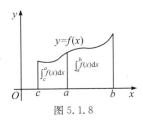

图 5.1.8

性质 5.1.4(保序性) 若在区间 $[a,b]$ 上有 $f(x)\geqslant 0$,则 $\displaystyle\int_a^b f(x)\mathrm{d}x \geqslant 0$.

推论 1 若在区间 $[a,b]$ 上有 $f(x)\geqslant g(x)$,则 $\displaystyle\int_a^b f(x)\mathrm{d}x \geqslant \int_a^b g(x)\mathrm{d}x.$

推论 2 若 $f(x)$ 在区间 $[a,b]$ 上可积,则 $|f(x)|$ 在区间 $[a,b]$ 上可积,且

$$\left|\int_a^b f(x)\mathrm{d}x\right| \leqslant \int_a^b |f(x)|\,\mathrm{d}x.$$

性质 5.1.5(估值定理) 设 M 和 m 分别是函数 $f(x)$ 在区间 $[a,b]$ 上的最大值和最小值,则

$$m(b-a) \leqslant \int_a^b f(x)\mathrm{d}x \leqslant M(b-a).$$

性质 5.1.6(积分中值定理) 设函数 $f(x)$ 在区间 $[a,b]$ 上连续,则在区间 $[a,b]$ 上至少存在一点 ξ,使得

$$\int_a^b f(x)\mathrm{d}x = f(\xi)(b-a).$$

证 因为 $f(x)$ 在区间 $[a,b]$ 上连续,所以 $f(x)$ 在区间 $[a,b]$ 上一定存在最大值 M 和最小值 m,由性质 5.1.5,得 $m(b-a) \leqslant \int_a^b f(x)\mathrm{d}x \leqslant M(b-a)$,即 $m \leqslant \dfrac{1}{b-a}\int_a^b f(x)\mathrm{d}x \leqslant M.$

由闭区间上连续函数的介值定理,在区间 $[a,b]$ 上至少存在一点 ξ,使得 $f(\xi) = \dfrac{1}{b-a}\int_a^b f(x)\mathrm{d}x$,

即 $\int_a^b f(x)\mathrm{d}x = f(\xi)(b-a).$

积分中值定理的几何意义:以 $f(x) \geqslant 0$ 为例,性质 5.1.6 说明在由曲线 $y=f(x)$,直线 $x=a$,$x=b$ 以及 x 轴所围成的曲边梯形的底边上至少可以找到一个点 ξ,使曲边梯形的面积等于与曲边梯形同底且高为 $f(\xi)$ 的一个矩形的面积. 如图 5.1.9 所示.

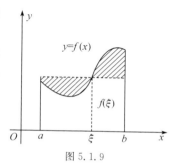

图 5.1.9

(1) 数值 $\dfrac{1}{b-a}\int_a^b f(x)\mathrm{d}x$ 称为连续函数 $f(x)$ 在区间 $[a,b]$ 上的**平均值**.

(2) $f(\xi)$ 表示图中曲边梯形的平均高度.

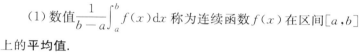

考 点 解 读

在专升本考试中,本节主要考查以下内容:

1. 定积分的概念.

2. 定积分的几何意义.

3. 定积分的性质.

考点一 定积分的概念

【方法归纳】(1) 定积分 $\int_a^b f(x)\mathrm{d}x$ 是一个常数,对定积分求导,其导数为 0,而不定积分是一个函数的原函数的全体,因此定积分和不定积分是两个完全不同的概念.

(2) 定积分的值与被积函数 $f(x)$ 和积分区间 $[a,b]$ 有关,而与积分变量的符号无关,即 $\int_a^b f(x)\mathrm{d}x = \int_a^b f(t)\mathrm{d}t = \int_a^b f(u)\mathrm{d}u.$

例 1 下列等式中错误的是(   ).

A. $\int_a^b f(x)\mathrm{d}x + \int_b^a f(x)\mathrm{d}x = 0$

B. $\int_a^b f(x)\mathrm{d}x = \int_a^b f(t)\mathrm{d}t$

C. $\int_{-a}^a f(x)\mathrm{d}x = 0$

D. $\int_a^a f(x)\mathrm{d}x = 0$

解 只有 $f(x)$ 为奇函数时,$\int_{-a}^a f(x)\mathrm{d}x = 0$ 才成立. 故应选 C.

【名师点拨】本题主要考查定积分的性质:

1. 定积分的值仅与被积函数、积分区间有关,与积分变量的符号无关. 即 $\int_a^b f(x)\mathrm{d}x$ $=\int_a^b f(t)\mathrm{d}t=\int_a^b f(u)\mathrm{d}u$. 故 B 正确.

2. 定义中要求 $a<b$,若 $a>b$、$a=b$ 时有如下规定:

(1) 当 $a>b$ 时,$\int_a^b f(x)\mathrm{d}x=-\int_b^a f(x)\mathrm{d}x$,即互换定积分的上、下限,定积分要变号;

(2) 当 $a=b$ 时,$\int_a^a f(x)\mathrm{d}x=0$. 故 A、D 正确.

例 2 $\dfrac{\mathrm{d}}{\mathrm{d}x}\int_a^b \arctan x\,\mathrm{d}x=($).

A. $\arctan x$ 　　　　　B. $\dfrac{1}{1+x^2}$ 　　　　　C. $\arctan b-\arctan a$ 　　　　D. 0

解 根据定积分的定义,定积分是一个极限值,是个常数,因此对常数求导恒为 0. 故应选 D.

例 3 设 $f(x)$ 连续,且 $f(x)=x+2\int_0^1 f(x)\ \mathrm{d}x$,则 $\int_0^1 f(x)\ \mathrm{d}x=$ _____.

解 由定积分的定义可知,定积分是一个数,故可设 $\int_0^1 f(x)\,\mathrm{d}x=a$,则

$f(x)=x+2a$,对方程 $f(x)=x+2a$ 两边同时积分得

$$\int_0^1 f(x)\ \mathrm{d}x=\int_0^1 (x+2a)\ \mathrm{d}x=\left(\frac{x^2}{2}+2ax\right)\Big|_0^1=\frac{1}{2}+2a,$$

即 $\dfrac{1}{2}+2a=a$,解得 $a=-\dfrac{1}{2}$. 故应填 $-\dfrac{1}{2}$.

考点二　定积分的几何意义

【方法归纳】

1. 定积分的几何意义为被积函数所对应的曲线与 x 取积分上下限所对应的直线以及 x 轴所围平面图形各部分面积的代数和. 利用几何意义求积分的题目中,我们可以利用特殊图形(如圆形、半圆形、四分之一圆形、长方形、三角形等)的面积求定积分.

2. 定积分和平面图形面积之间的关系不是简单对等的,要注意函数 $y=f(x)$ 的符号. 在图 5.1.10 中,面积与定积分的关系为:

(1)$\int_a^b f(x)\mathrm{d}x=A_1-A_2+A_3$;

(2)$A_1+A_2+A_3=\int_a^b |f(x)|\ \mathrm{d}x$.

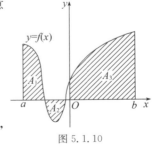

图 5.1.10

例 1 $\int_a^b f(x)\mathrm{d}x=0$ 表示曲边梯形:$x=a$,$x=b$,$y=0$,

$y = f(x)$ 的 _____.

　　A. 周长　　　　　　　B. 面积　　　　　　C. 质量　　　　　　D. 面积值的"代数和"

　　解　根据定积分的几何意义,应选 D.

　　例 2　定积分 $\int_0^2 \sqrt{4-x^2}\,\mathrm{d}x$ 的值是(　　　).

　　A. 2π　　　　　　　B. π　　　　　　C. $\dfrac{\pi}{2}$　　　　　　D. 4π

　　解　用积分的几何意义来解相当于圆 $x^2 + y^2 = 4$ 的四分之一的面积,或者用第二换元法. 故应选 B.

【名师点拨】本题考查了对定积分几何意义的理解和应用. $\int_{-a}^{a} \sqrt{a^2-x^2}\,\mathrm{d}x\,(a>0)$ 的

几何意义是以原点为圆心,以 a 为半径的上半圆的面积,故 $\int_{-a}^{a} \sqrt{a^2-x^2}\,\mathrm{d}x = \dfrac{\pi}{2}a^2$. 注意此

类定积分中半径与积分限的对应,当二者不对应相等时就不能用几何意义来求解,需要用

第二类换元积分法求解. 本题也可利用第二换元积分法(参见第五章第三节)求解,相对来

说比较麻烦. 另解为:设 $x = 2\sin t$,$t \in \left[0, \dfrac{\pi}{2}\right]$,则

$$\int_0^2 \sqrt{4-x^2}\,\mathrm{d}x = \int_0^{\frac{\pi}{2}} 2\cos t\,\mathrm{d}(2\sin t) = \int_0^{\frac{\pi}{2}} 4\cos^2 t\,\mathrm{d}t$$

$$= 2\int_0^{\frac{\pi}{2}} (\cos 2t + 1)\,\mathrm{d}t = (\sin 2t + 2t)\Big|_0^{\frac{\pi}{2}} = \pi.$$

考点三　定积分的性质

　　【方法归纳】定积分的性质中包括定积分的线性运算法则、积分区间的可加性、比较性、估值定理、积分中值定理. 定积分的比较性是通过相同积分区间中被积函数的大小来确定定积分的大小.

1. 积分区间的可加性

　　【方法归纳】积分区间的可加性主要应用于分段函数以及绝对值函数定积分的计算,利用积分区间的可加性可以将定积分分成几个定积分的和来计算.

　　例　设函数 $f(x)$ 仅在区间 $[0,4]$ 上可积,则必有 $\int_0^3 f(x)\,\mathrm{d}x = ($　　　$).$

　　A. $\int_0^2 f(x)\,\mathrm{d}x + \int_2^3 f(x)\,\mathrm{d}x$　　　　　　　　　B. $\int_0^{-1} f(x)\,\mathrm{d}x + \int_{-1}^3 f(x)\,\mathrm{d}x$

　　C. $\int_0^5 f(x)\,\mathrm{d}x + \int_5^3 f(x)\,\mathrm{d}x$　　　　　　　　　D. $\int_0^{10} f(x)\,\mathrm{d}x + \int_{10}^3 f(x)\,\mathrm{d}x$

　　解　因为函数 $f(x)$ 仅在区间 $[0,4]$ 上可积,所以 $\int_0^3 f(x)\,\mathrm{d}x = \int_0^a f(x)\,\mathrm{d}x + \int_a^3 f(x)\,\mathrm{d}x$ 中

的 $a \in [0,4]$,只有 A 选项正确. 故应选 A.

2. 保序性

【方法归纳】通常对积分区间相同的定积分,可以利用保序性来比较积分值的大小,基本方法是借助于函数图像或者两被积函数作差后利用单调性来判别比较被积函数的大小.

例 1　下列不等式成立的是(　　).

A. $\int_1^2 x^3 \mathrm{d}x < \int_1^2 x^2 \mathrm{d}x$

B. $\int_0^1 x^2 \mathrm{d}x < \int_0^1 x^3 \mathrm{d}x$

C. $\int_0^1 x^2 \mathrm{d}x > \int_0^1 x^3 \mathrm{d}x$

D. $\int_1^2 \ln x \mathrm{d}x < \int_1^2 (\ln x)^2 \mathrm{d}x$

解　根据幂函数的特点可知:

当 $1 \leqslant x \leqslant 2$ 时,$x^2 \leqslant x^3$,根据定积分保序性推论知 $\int_1^2 x^3 \mathrm{d}x > \int_1^2 x^2 \mathrm{d}x$,故选项 A 错误;

当 $0 \leqslant x \leqslant 1$ 时,$x^2 \geqslant x^3$,根据定积分保序性推论知 $\int_0^1 x^2 \mathrm{d}x > \int_0^1 x^3 \mathrm{d}x$,故选项 B 错误,选项 C 正确.

根据对数函数的特点可知:当 $1 \leqslant x \leqslant 2$ 时,$0 \leqslant \ln x \leqslant \ln 2 < \ln e = 1$,故 $\ln x \geqslant (\ln x)^2 \geqslant 0$,根据定积分保序性推论知 $\int_1^2 \ln x \mathrm{d}x > \int_1^2 (\ln x)^2 \mathrm{d}x$,故选项 D 错误.故应选 C.

例 2　设 $I_1 = \int_0^{\frac{\pi}{4}} x \mathrm{d}x$,$I_2 = \int_0^{\frac{\pi}{4}} \sqrt{x} \mathrm{d}x$,$I_3 = \int_0^{\frac{\pi}{4}} \sin x \mathrm{d}x$,则 I_1, I_2, I_3 的关系是(　　).

A. $I_1 > I_2 > I_3$　　　　B. $I_1 > I_3 > I_2$　　　　C. $I_3 > I_1 > I_2$　　　　D. $I_2 > I_1 > I_3$

解　当 $x > 0$ 时,　令 $f(x) = x - \sin x$,　因为 $f'(x) = (x - \sin x)' = 1 - \cos x \geqslant 0$,$f(x) = x - \sin x$ 单调递增,从而 $f(x) > f(0) = 0$,故 $x > \sin x$.根据幂函数的特点可知:当 $0 < x < \dfrac{\pi}{4}$ 时,$\sqrt{x} > x$.

综上,当 $0 < x < \dfrac{\pi}{4}$ 时,$\sqrt{x} > x > \sin x$,所以由定积分的保序性的推论可知

$$\int_0^{\frac{\pi}{4}} \sqrt{x} \mathrm{d}x > \int_0^{\frac{\pi}{4}} x \mathrm{d}x > \int_0^{\frac{\pi}{4}} \sin x \mathrm{d}x,$$

即 $I_2 > I_1 > I_3$,故应选 D.

【名师点拨】当 $x > 0$ 时,$x > \sin x$ 是好用的结论,本题可以直接利用该结论.

3. 估值定理

【方法归纳】利用估值定理估计定积分的值,首先求出被积函数在积分区间上的最值,然后由估值定理求定积分的范围.

例　估计积分值 $\int_0^2 \mathrm{e}^{-x^2} \mathrm{d}x$ 有(　　).

A. $\dfrac{2}{\mathrm{e}^4} \leqslant \int_0^2 \mathrm{e}^{-x^2} \mathrm{d}x \leqslant 2$

B. $0 \leqslant \int_0^2 \mathrm{e}^{-x^2} \mathrm{d}x \leqslant 2$

C. $2 \leqslant \int_0^2 \mathrm{e}^{-x^2} \mathrm{d}x \leqslant 2\mathrm{e}^4$

D. $0 \leqslant \int_0^2 \mathrm{e}^{-x^2} \mathrm{d}x \leqslant \dfrac{2}{\mathrm{e}^4}$

解　设 $f(x) = \mathrm{e}^{-x^2}$,其导数 $f'(x) = -2x \mathrm{e}^{-x^2} \leqslant 0$　$(x \geqslant 0)$,所以 $f(x)$ 在 $[0, 2]$ 上单

调减少,从而其最大、最小值分别为

$$M=f(0)=\mathrm{e}^0=1, m=f(2)=\mathrm{e}^{-2^2}=\mathrm{e}^{-4}.$$

故 $\displaystyle\int_0^2 \mathrm{e}^{-4}\,\mathrm{d}x \leqslant \int_0^2 \mathrm{e}^{-x^2}\,\mathrm{d}x \leqslant \int_0^2 1\,\mathrm{d}x.$ 而 $\displaystyle\int_0^2 \mathrm{e}^{-4}\,\mathrm{d}x = \mathrm{e}^{-4}\int_0^2\mathrm{d}x = \frac{2}{\mathrm{e}^4}, \int_0^2 1\,\mathrm{d}x = 2,$

所以 $\dfrac{2}{\mathrm{e}^4} \leqslant \displaystyle\int_0^2 \mathrm{e}^{-x^2}\,\mathrm{d}x \leqslant 2.$ 故应选 A.

4. 积分中值定理

【方法归纳】积分中值定理在应用中所起到的重要作用是可以使积分号去掉,从而使问题简单化.根据其几何意义知积分中值定理是求某平均值的利器.

例 1　判断:若 $f(x)$ 在闭区间 $[a,b]$ 上有界,则在 $[a,b]$ 上至少存在一点 ξ,使得 $\displaystyle\int_a^b f(x)\,\mathrm{d}x = f(\xi)(b-a)$ 成立.(　　).

解　积分中值定理要求的条件为:$f(x)$ 在闭区间 $[a,b]$ 上连续,则在 $[a,b]$ 上至少存在一点 ξ,使得 $\displaystyle\int_a^b f(x)\,\mathrm{d}x = f(\xi)(b-a)$ 成立.题设中缺少连续,于是本题错误.

故应填"错误".

例 2　试求 $f(x)=\sin x$ 在 $[0,\pi]$ 上的平均值.

解　平均值 $f(\xi)=\dfrac{1}{\pi-0}\displaystyle\int_0^\pi \sin x\,\mathrm{d}x = -\frac{1}{\pi}\cos x\Big|_0^\pi = \frac{2}{\pi}.$

【名师点拨】在求解某区间上一个函数的平均值时,我们只需要在这个区间上对这个函数进行积分,然后积分结果除以积分上、下限的差值.

真题解析

考点一　定积分的概念

【真题】（2010 土木,2010 工商）$\dfrac{\mathrm{d}}{\mathrm{d}x}\left(\displaystyle\int_1^{\mathrm{e}} \mathrm{e}^{-x^2}\,\mathrm{d}x\right)=$ _____.

解　定积分是个常数,对常数求导恒为零.故应填 0.

【名师点拨】根据定积分的定义知定积分是一个数,而常数的导数为 0,于是易知定积分的导数必为 0.

考点二　定积分的几何意义

【真题】（2014 土木）$\displaystyle\int_a^b \mathrm{d}x =$（　　）.

A. $b-a$　　　　　　B. $a-b$　　　　　　C. $a+b$　　　　　　D. ab

解　$\displaystyle\int_a^b \mathrm{d}x$ 的被积函数为 1,可省略,由定积分的几何意义可知:当 $f(x)=1$ 时,有 $\displaystyle\int_a^b \mathrm{d}x = b-a.$

故应选 A.

【名师点拨】本题也可以利用牛顿－莱布尼兹公式求解.

考点三　定积分的性质

【真题 1】(2021 高数三) $\int_0^2 f(x)\mathrm{d}x = 2$, $\int_0^4 f(x)\mathrm{d}x = 5$, 则 $\int_4^2 f(x)\mathrm{d}x =$ _____.

解　$\int_4^2 f(x)\mathrm{d}x = \int_0^2 f(x)\mathrm{d}x - \int_0^4 f(x)\mathrm{d}x = 2-5 = -3$. 故应填 -3.

【真题 2】(2021 高数三) 已知函数 $f(x)$、$g(x)$ 在 $[0,1]$ 上连续, $g(x) > f(x) > 0$, 下列各式不成立的是( ).

A. $\int_0^1 g^2(x)\mathrm{d}x > \int_0^1 f^2(x)\mathrm{d}x$　　　　　B. $\int_0^1 f(x)\mathrm{d}x < \int_0^1 g(x)\mathrm{d}x$

C. $\int_0^1 \dfrac{1}{f(x)}\mathrm{d}x < \int_0^1 \dfrac{1}{g(x)}\mathrm{d}x$　　　　　D. $\int_0^1 \dfrac{1}{f(x)}\mathrm{d}x > \int_0^1 \dfrac{1}{g(x)}\mathrm{d}x$

解　因为 $g(x) > f(x) > 0$, 所以 $\dfrac{1}{f(x)} > \dfrac{1}{g(x)}$, 由定积分的保序性可知

$$\int_0^1 \frac{1}{f(x)}\mathrm{d}x > \int_0^1 \frac{1}{g(x)}\mathrm{d}x,$$

故应选 C.

【真题 3】(2020 高数三) 若 $\int_0^1 f(x)\mathrm{d}x = 2$, 则 $\int_0^1 [3f(x)-2]\mathrm{d}x =$ _____.

解　因为 $\int_0^1 f(x)\mathrm{d}x = 2$, 所以 $\int_0^1 [3f(x)-2]\mathrm{d}x = 3\int_0^1 f(x)\mathrm{d}x - 2 = 3\times 2 - 2 = 4$.

故应填 4.

【真题 4】(2020 高数三) 已知函数 $f(x)$ 在 $[-1,2]$ 上连续, 且 $\int_{-1}^0 f(x)\mathrm{d}x = 2$,

$\int_0^1 f(2x)\mathrm{d}x = 1$, 则 $\int_{-1}^2 f(x)\mathrm{d}x =$ _____.

A. 1　　　　　　　　B. 2　　　　　　　　C. 3　　　　　　　　D. 4

解　令 $2x = t$, 则 $x = \dfrac{t}{2}$, $\mathrm{d}x = \dfrac{1}{2}\mathrm{d}t$, 当 $x = 0$ 时, $t = 0$, 当 $x = 1$ 时, $t = 2$,

从而 $\int_0^1 f(2x)\mathrm{d}x = \dfrac{1}{2}\int_0^2 f(t)\mathrm{d}t = 1$, 则 $\int_0^2 f(t)\mathrm{d}t = 2$,

所以 $\int_{-1}^2 f(x)\mathrm{d}x = \int_{-1}^0 f(x)\mathrm{d}x + \int_0^2 f(x)\mathrm{d}x = 2+2 = 4$.

故应选 D.

【名师点拨】近几年的真题可以看出, 定积分的线性运算性质、保序性(推论)等是常考知识点.

一、最新大纲要求

1. 理解定积分的概念及几何意义,了解可积的条件.

2. 掌握定积分的性质.

二、本节方法综述

定积分的概念、几何意义和性质是专升本入学考试中的基本题型,要求我们熟练掌握以下知识点:

1. 定积分概念

$$\int_a^b f(x)\mathrm{d}x = \lim_{\lambda \to 0}\sum_{i=1}^n f(\xi_i)\Delta x_i.$$

【注意】定积分是一个数,只取决于被积函数和积分区间,与积分变量用什么符号表示无关.

$$\int_a^b f(x)\mathrm{d}x = \int_a^b f(t)\mathrm{d}t = \int_a^b f(u)\mathrm{d}u.$$

特别地:$\int_a^a f(x)\mathrm{d}x = 0, \int_a^b f(x)\mathrm{d}x = -\int_b^a f(x)\mathrm{d}x, \int_a^b \mathrm{d}x = b - a.$

2. 定积分的几何意义

当函数 $y = f(x) \geqslant 0$ 时,定积分 $\int_a^b f(x)\mathrm{d}x\ (\geqslant 0)$ 表示的是曲边梯形的面积;

当函数 $y = f(x) < 0$ 时,定积分 $\int_a^b f(x)\mathrm{d}x$ 的值是一个负值,表示曲边梯形面积的相反数.

当函数 $y = f(x)$ 在区间 $[a, b]$ 上有正有负时,$\int_a^b f(x)\mathrm{d}x$ 表示由 $y = f(x)$、直线 $x = a, x = b$ 和 x 轴所围成的图形各部分面积的代数和.如图 5.1.11 所示,则有

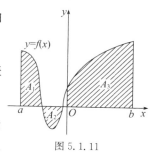

图 5.1.11

$$\int_a^b f(x)\mathrm{d}x = A_1 + A_3 - A_2.$$

综上所述,曲线 $y = f(x)$,线 $x = a, x = b$ 及 x 轴所围成的平面图形的面积为

$$S = \int_a^b |f(x)|\mathrm{d}x.$$

根据定积分的几何意义有时可以简化计算.

3. 定积分性质

$(1) \int_a^b [f_1(x) \pm f_2(x) \pm \cdots \pm f_n(x)]\mathrm{d}x = \int_a^b f_1(x)\mathrm{d}x \pm \int_a^b f_2(x)\mathrm{d}x \pm \cdots \pm \int_a^b f_n(x)\mathrm{d}x.$

$(2) \int_a^b kf(x)\mathrm{d}x = k\int_a^b f(x)\mathrm{d}x.$

(3) 积分区间可加性:$\int_a^b f(x)\mathrm{d}x + \int_b^c f(x)\mathrm{d}x = \int_a^c f(x)\mathrm{d}x$,无论 $c \in [a, b]$ 还是 $c \notin [a, b]$,性质均成立.

(4) 保序性:若在区间 $[a,b]$ 上有 $f(x) \geqslant 0$,则 $\int_a^b f(x)\mathrm{d}x \geqslant 0$.

推论 1 若在区间 $[a,b]$ 上有 $f(x) \leqslant g(x)$,则 $\int_a^b f(x)\mathrm{d}x \leqslant \int_a^b g(x)\mathrm{d}x$.

【注意】比较两个定积分的大小,通常考查在同一积分区间上比较两个被积函数的大小.

推论 2 若 $f(x)$ 在区间 $[a,b]$ 上可积,则 $|f(x)|$ 在区间 $[a,b]$ 上可积,且

$$\left|\int_a^b f(x)\mathrm{d}x\right| \leqslant \int_a^b |f(x)|\,\mathrm{d}x.$$

(5) 估值定理:$m \leqslant f(x) \leqslant M, x \in [a,b]$,则 $m(b-a) \leqslant \int_a^b f(x)\mathrm{d}x \leqslant M(b-a)$.

(6) 积分中值定理:$f(x) \in C[a,b]$,$\exists \xi \in (a,b)$,使得 $\int_a^b f(x)\mathrm{d}x = f(\xi)(b-a)$.

【注意】$f(\xi) = \dfrac{1}{b-a}\int_a^b f(x)\mathrm{d}x$ 称为 $f(x)$ 在 $[a,b]$ 上的平均值.

第二节　微积分基本公式

基本知识

一、积分上限函数

设函数 $y = f(x)$ 在区间 $[a,b]$ 上连续,对任意 $x \in [a,b]$,有 $y = f(x)$ 在 $[a,x]$ 上连续,因此函数 $y = f(x)$ 在 $[a,x]$ 上可积,即定积分 $\int_a^x f(x)\mathrm{d}x$ 存在,如图 5.2.1 所示.这里 x 既表示定积分上限又表示积分变量.由于定积分与积分变量的记号无关,为将积分变量与积分上限区分开,可以把积分变量改用其他符号,则该定积分

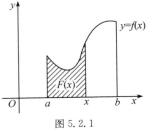

图 5.2.1

可改写为 $\int_a^x f(t)\mathrm{d}t$.显然,该定积分的值由积分上限 x 在区间 $[a,b]$ 上的取值决定,因此积分 $\int_a^x f(t)\mathrm{d}t$ 定义了一个在区间 $[a,b]$ 上的函数,称为**积分上限函数**(也称**变上限定积分**),记作

$$\Phi(x) = \int_a^x f(t)\mathrm{d}t, \; x \in [a,b].$$

【注意】积分变量 x 与上限变量 x 无关.

例如 $\int_a^x xf(t)\mathrm{d}t = x\int_a^x f(t)\mathrm{d}t$,而 $\int_a^x xf(x)\mathrm{d}x \neq x\int_a^x f(x)\mathrm{d}x$.

定理 5.2.1 设函数 $y = f(x)$ 在区间 $[a,b]$ 上连续,则积分上限函数 $\Phi(x) = \int_a^x f(t)\mathrm{d}t$ 在区间 $[a,b]$ 上可导,且

$$\Phi'(x) = \left(\int_a^x f(t)\mathrm{d}t\right)' = f(x), x \in [a,b].$$

定理表明：

（1）积分上限函数 $\Phi(x) = \int_a^x f(t)\mathrm{d}t$ 就是函数 $f(x)$ 的一个原函数，即连续函数一定存在原函数，从而得到原函数存在定理的证明；

（2）用积分上限函数表达了函数的原函数，初步揭示了积分学中定积分与原函数之间的联系.

推广：

（1）积分下限函数及其导数 $(\int_x^b f(t)\mathrm{d}t)' = -f(x)$；

（2）如果 $f(x)$ 连续，$\varphi(x)$ 可导，则 $(\int_a^{\varphi(x)} f(t)\mathrm{d}t)' = f(\varphi(x)) \cdot \varphi'(x)$；

（3）如果 $f(x)$ 连续，$\psi(x)$ 可导，则 $(\int_{\psi(x)}^b f(t)\mathrm{d}t)' = -f(\psi(x)) \cdot \psi'(x)$；

（4）如果 $\varphi(x),\psi(x)$ 可导，则 $(\int_{\psi(x)}^{\varphi(x)} f(t)\mathrm{d}t)' = f(\varphi(x)) \cdot \varphi'(x) - f(\psi(x)) \cdot \psi'(x)$.

二、微积分基本公式

定理 5.2.2 设函数 $f(x)$ 在区间 $[a,b]$ 上连续，且 $F(x)$ 是 $f(x)$ 在该区间上的一个原函数，则 $\int_a^b f(x)\,\mathrm{d}x = F(b) - F(a)$.

【注意】（1）上式称为**微积分基本公式**，也称为**牛顿—莱布尼兹公式**. 它揭示了定积分与被积函数的原函数或不定积分之间的关系，同时给出了求定积分简单而有效的方法：将求极限转化为求原函数. 因此，只要找到被积函数的一个原函数就可解决定积分的计算问题.

（2）通常将 $F(b) - F(a)$ 简记为 $F(x)\Big|_a^b$.

◆------------------------------ 📖 **考 点 解 读** 📖 ------------------------------◆

在专升本考试中，本节主要考查以下内容：

1. 积分上限函数及其求导.

2. 利用牛顿—莱布尼兹公式求定积分.

微积分基本公式是每年专升本入学考试的必考内容，其中变上限定积分求导数是重点，熟练掌握其求导定理及其推广形式，与洛必达法则、极值等问题合并考查是命题的趋势，下面我们将针对重点和难点列出考点进行学习和练习.

考点一 求积分上限函数的导数

【方法归纳】积分上限函数求导定理及其推广形式是考试的重点也是难点，具体的求导公式参见基本知识.

1. 如果出现类似 $\int_a^x g(x)f(t)\mathrm{d}t$ 形式时，需作如下恒等变形后再求导 $\int_a^x g(x)f(t)\mathrm{d}t = g(x)\int_a^x f(t)\mathrm{d}t$；

2. 如果出现类似 $\int_a^x f(x-t)\mathrm{d}t$ 式时，需变量代换后再求导 $\int_a^x f(x-t)\mathrm{d}t \xlongequal{x-t=u} \int_0^{x-a} f(u)\mathrm{d}u$.

例 1 设 $f(x)$ 在 $(-\infty, +\infty)$ 内连续，下面不是 $f(x)$ 的原函数的是（　　）.

A. $\displaystyle\int_0^x f(x)\mathrm{d}x+C$ B. $\displaystyle\int_0^x f(t)\mathrm{d}t$ C. $\displaystyle\int_0^x f(t)\mathrm{d}t+C$ D. $\displaystyle\int_0^x f(t)\mathrm{d}x$

解 因为 $\left[\displaystyle\int_0^x f(t)\mathrm{d}x\right]'=\left[f(t)\displaystyle\int_0^x \mathrm{d}x\right]'=[f(t)x]'=f(t)\neq f(x)$，所以 $\displaystyle\int_0^x f(t)\mathrm{d}x$ 不是 $f(x)$ 的原函数. 故应选 D.

> **【名师点拨】**如果函数 $F(x)$ 在区间 I 上是可导的，并且 $F'(x)=f(x)$，则称 $F(x)$ 是 $f(x)$ 的一个原函数(有的教材把原函数称为反导数). 解答本题只需验证四个选项中的函数的导函数是否为 $f(x)$ 即可.

例 2 $y=\displaystyle\int_0^x (t-1)^2(t+2)\mathrm{d}t$，则 $\left.\dfrac{\mathrm{d}y}{\mathrm{d}x}\right|_{x=0}=(\qquad)$.

A. -2 B. 2 C. -1 D. 1

解 $y'=\left[\displaystyle\int_0^x (t-1)^2(t+2)\mathrm{d}t\right]'=(x-1)^2(x+2)$，得 $y'(0)=2$. 故应选 B.

例 3 求 $\displaystyle\int_{\sqrt{x}}^{x^2} \ln(1+t^2)\mathrm{d}t$ 的导数.

解 $\left(\displaystyle\int_{\sqrt{x}}^{x^2} \ln(1+t^2)\mathrm{d}t\right)'=\ln[1+(x^2)^2](x^2)'-\ln[1+(\sqrt{x})^2](\sqrt{x})'$

$$=2x\ln(1+x^4)-\dfrac{1}{2\sqrt{x}}\ln(1+x).$$

例 4 $\dfrac{\mathrm{d}}{\mathrm{d}x}\left[x\displaystyle\int_0^x \sqrt{1+t^4}\,\mathrm{d}t\right]=(\qquad)$.

A. $\displaystyle\int_0^x \sqrt{1+t^4}\,\mathrm{d}t$ B. $4x^4\displaystyle\int_0^x \sqrt{1+t^4}\,\mathrm{d}t$

C. $\displaystyle\int_0^x \sqrt{1+t^4}\,\mathrm{d}t+x\sqrt{1+x^4}$ D. $x\sqrt{1+x^4}$

解 根据积分上限函数求导公式可得

$$\dfrac{\mathrm{d}}{\mathrm{d}x}\left[x\displaystyle\int_0^x \sqrt{1+t^4}\,\mathrm{d}t\right]=x'\displaystyle\int_0^x \sqrt{1+t^4}\,\mathrm{d}t+x\left(\displaystyle\int_0^x \sqrt{1+t^4}\,\mathrm{d}t\right)'=\displaystyle\int_0^x \sqrt{1+t^4}\,\mathrm{d}t+x\sqrt{1+x^4}.$$

故应选 C.

> **【名师点拨】**积分上限函数 $f(x)=\displaystyle\int_0^x \sqrt{1+t^4}\,\mathrm{d}t$ 是一个关于 x 的函数，所以本题实际上是求函数 $g(x)=xf(x)$ 的导数，也即应用导数的乘法公式 $g'(x)=f(x)+xf'(x)$.

例 5 设 $f(x)$ 连续，计算 $\dfrac{\mathrm{d}}{\mathrm{d}x}\left[\displaystyle\int_0^x tf(x^2-t^2)\mathrm{d}t\right]=$ _____.

A. $xf(x^2)$ B. $-xf(x^2)$ C. $2xf(x^2)$ D. $-2xf(x^2)$

解 因为 $\displaystyle\int_0^x tf(x^2-t^2)\mathrm{d}t=-\dfrac{1}{2}\displaystyle\int_0^x f(x^2-t^2)\mathrm{d}(x^2-t^2)$

$$\xrightarrow{\text{令 } x^2-t^2=u} -\dfrac{1}{2}\displaystyle\int_{x^2}^0 f(u)\mathrm{d}u=\dfrac{1}{2}\displaystyle\int_0^{x^2} f(u)\mathrm{d}u,$$

所以 $\dfrac{\mathrm{d}}{\mathrm{d}x}\left[\displaystyle\int_0^x tf(x^2-t^2)\mathrm{d}t\right]=\dfrac{\mathrm{d}}{\mathrm{d}x}\left[\dfrac{1}{2}\displaystyle\int_0^{x^2}f(u)\mathrm{d}u\right]=\dfrac{1}{2}f(x^2)\cdot 2x=xf(x^2).$

故应选 A.

考点二　计算与积分上限函数相关的极限

【方法归纳】计算与积分上限函数有关的"$\dfrac{0}{0}$"和"$\dfrac{\infty}{\infty}$"型未定式极限通常使用洛必达法则进行求解,这是近几年命题的方向.

例 1　求极限 $\displaystyle\lim_{t\to 0}\dfrac{\displaystyle\int_0^t x\sin x\,\mathrm{d}x}{t^3}=$ _____.

解　使用洛必达法则和积分函数求导定理可得

$$\lim_{t\to 0}\dfrac{\displaystyle\int_0^t x\sin x\,\mathrm{d}x}{t^3}=\lim_{t\to 0}\dfrac{t\sin t}{3t^2}=\dfrac{1}{3}\lim_{t\to 0}\dfrac{\sin t}{t}=\dfrac{1}{3}.\ 故应填\ \dfrac{1}{3}.$$

例 2　计算极限 $\displaystyle\lim_{x\to 0}\dfrac{\displaystyle\int_0^{2x}\ln(1+t)\mathrm{d}t}{1-\cos(2x)}=$ _____.

解　利用等价无穷小的替换和洛必达法则可得

$$\lim_{x\to 0}\dfrac{\displaystyle\int_0^{2x}\ln(1+t)\mathrm{d}t}{1-\cos(2x)}=\lim_{x\to 0}\dfrac{2\ln(1+2x)}{2\sin(2x)}=\lim_{x\to 0}\dfrac{2x}{2x}=1.\ 故应填\ 1.$$

考点三　利用牛顿－莱布尼兹公式求定积分

【方法归纳】若 $f(x)\in C[a,b]$,且 $F'(x)=f(x)$,则 $\displaystyle\int_a^b f(x)\mathrm{d}x=F(x)\Big|_a^b=F(b)-F(a).$

使用牛顿－莱布尼兹公式的前提是被积函数在有限的积分区间上是连续的函数.

例 1　下列积分中可直接用牛顿－莱布尼兹公式计算的是(　　).

A. $\displaystyle\int_0^5\dfrac{x\,\mathrm{d}x}{x^2+1}$ 　　　　B. $\displaystyle\int_{-1}^1\dfrac{x\,\mathrm{d}x}{\sqrt{1-x^2}}$ 　　　　C. $\displaystyle\int_{\frac{1}{e}}^{e}\dfrac{\mathrm{d}x}{x\ln x}$ 　　　　D. $\displaystyle\int_1^{+\infty}\dfrac{\mathrm{d}x}{x}$

解　A 中的被积函数 $\dfrac{x}{x^2+1}$ 在 $[0,5]$ 上连续,且有原函数 $\dfrac{1}{2}\ln(x^2+1)$,故可直接用牛顿－莱布尼兹公式;

B 中的函数 $\dfrac{x}{\sqrt{1-x^2}}$ 在积分区间的端点无定义,且在区间上无界;

C 中的函数 $\dfrac{1}{x\ln x}$ 在 $[\mathrm{e}^{-1},\mathrm{e}]$ 中有无穷间断点 $x=1$;

D 中的积分区间是无限的,故均不能应用牛顿－莱布尼兹公式.

故应选 A.

例 2　设 $f(x)=\begin{cases}2x, & 0\leqslant x\leqslant 1,\\ 1, & 1\leqslant x\leqslant 4,\end{cases}$ 则 $\displaystyle\int_0^4 f(x)\,\mathrm{d}x=$ _____.

解 根据积分区间的可加性和牛顿 — 莱布尼兹公式计算可得

$$\int_0^4 f(x)\,dx = \int_0^1 2x\,dx + \int_1^4 dx = x^2 \Big|_0^1 + x \Big|_1^4 = 4.\ 故应填\ 4.$$

-------------------------- 📖 真 题 解 析 📖 --------------------------

考点一　求积分上限函数的导数

【真题 1】（2021 高数三）已知 $f(x)$ 连续，则 $\dfrac{d}{dx}\displaystyle\int_0^x f(x-t)\,dt =$ _____.

解 令 $u = x - t$，则有 $t = 0$ 时 $u = x$，$t = x$ 时 $u = 0$，且 $dt = -du$，所以

$$\int_0^x f(x-t)\,dt = -\int_x^0 f(u)\,du = \int_0^x f(u)\,du,$$

从而 $\dfrac{d}{dx}\displaystyle\int_0^x f(x-t)\,dt = \dfrac{d}{dx}\displaystyle\int_0^x f(u)\,du = f(x).$ 故应填 $f(x)$.

【真题 2】（2021 高数二）已知 $f(x)$ 为 $[1, +\infty)$ 上的连续函数，且 $F(x) = \displaystyle\int_1^{x^2} \dfrac{f(t)}{t}\,dt$，$x \in [1, +\infty)$. 则 $F'(x) = ($　　　$)$.

  A. $2f(x)$ B. $2xf(x^2)$ C. $\dfrac{f(x^2)}{x^2}$ D. $\dfrac{2f(x^2)}{x}$

解 $F'(x) = \dfrac{f(x^2)}{x^2} \cdot (x^2)' = \dfrac{f(x^2)}{x^2} \cdot 2x = \dfrac{2f(x^2)}{x}.$ 故应选 D.

【真题 3】（2020 高数三）$\dfrac{d}{dx}\displaystyle\int_0^x \tan t^2\,dt = ($　　　$)$.

  A. $2x\tan 2x$ B. $2x\tan x^2$ C. $\tan 2x$ D. $\tan x^2$

解 $\dfrac{d}{dx}\displaystyle\int_0^x \tan t^2\,dt = \tan x^2.$ 故应选 D.

考点二　计算与积分上限函数相关的极限

【真题 1】（2020 高数二）求极限 $\displaystyle\lim_{x \to 0} \dfrac{\displaystyle\int_0^x \sin t^2\,dt}{x^3}$.

解 $\displaystyle\lim_{x \to 0} \dfrac{\displaystyle\int_0^x \sin t^2\,dt}{x^3} = \lim_{x \to 0} \dfrac{\sin x^2}{3x^2} = \lim_{x \to 0} \dfrac{x^2}{3x^2} = \dfrac{1}{3}.$

【真题 2】（2019 公共课）设函数 $f(x) = \begin{cases} \dfrac{1}{x}\displaystyle\int_x^0 \dfrac{\sin 2t}{t}\,dt, & x \neq 0 \\ a, & x = 0 \end{cases}$，在 $x = 0$ 处连续，则

$a = $ _____.

解 $\displaystyle\lim_{x \to 0} \dfrac{\displaystyle\int_x^0 \dfrac{\sin 2t}{t}\,dt}{x} = \lim_{x \to 0} \dfrac{-\dfrac{\sin 2x}{x}}{1} = -2\lim_{x \to 0}\dfrac{\sin 2x}{2x} = -2$，因为 $f(x)$ 在 $x = 0$ 处连续，所以

$a = -2.$ 故应填 $-2.$

考点三　　利用牛顿 — 莱布尼兹公式求定积分

【真题 1】（2019 机械、交通、电气、电子、土木）$\displaystyle\int_0^\pi \cos x \, \mathrm{d}x = $ _____.

解　$\displaystyle\int_0^\pi \cos x \, \mathrm{d}x = \sin x \Big|_0^\pi = \sin\pi - \sin 0 = 0.$ 故应填 $0.$

【真题 2】（2019 财经类）定积分 $\displaystyle\int_{-2}^0 |x + 1| \, \mathrm{d}x$ 的值为（　　）.

A. -2　　　　　　　　B. 2　　　　　　　　C. -1　　　　　　　　D. 1

解　$\displaystyle\int_{-2}^0 |x + 1| \, \mathrm{d}x = \int_{-2}^{-1} (-x - 1) \, \mathrm{d}x + \int_{-1}^0 (x + 1) \, \mathrm{d}x$

$$= -\frac{x^2}{2} \Big|_{-2}^{-1} - x \Big|_{-2}^{-1} + \frac{x^2}{2} \Big|_{-1}^0 + x \Big|_{-1}^0 = 1.$$ 故应选 D.

【名师点拨】本题先用定积分的区间可加性,然后再利用牛顿 — 莱布尼兹公式求解.

◆------------------------ 📖 **考 纲 解 读** 📖 ------------------------◆

一、最新大纲要求

1. 理解积分上限的函数,会求它的导数.

2. 掌握牛顿 — 莱布尼兹公式.

二、本节方法综述

1. 积分上限函数（变上限定积分）概念

若 $f(x) \in C[a, b]$,则 $F(x) = \displaystyle\int_a^x f(t) \mathrm{d}t, x \in [a, b].$

2. 积分上限函数求导

$$F'(x) = \left(\int_a^x f(t) \mathrm{d}t \right)' = f(x).$$

推广:(1) 如果 $f(x)$ 连续, $\varphi(x)$ 可导,则 $\left(\displaystyle\int_a^{\varphi(x)} f(t) \mathrm{d}t \right)' = f(\varphi(x)) \cdot \varphi'(x)$;

(2) 如果 $f(x)$ 连续, $\psi(x)$ 可导,则 $\left(\displaystyle\int_{\psi(x)}^b f(t) \mathrm{d}t \right)' = -f(\psi(x)) \cdot \psi'(x)$;

(3) 如果 $\varphi(x), \psi(x)$ 可导,则 $\left(\displaystyle\int_{\psi(x)}^{\varphi(x)} f(t) \mathrm{d}t \right)' = f(\varphi(x)) \cdot \varphi'(x) - f(\psi(x)) \cdot \psi'(x).$

3. 牛顿 — 莱布尼兹公式

若 $f(x) \in C[a, b]$,且 $F'(x) = f(x)$,则 $\displaystyle\int_a^b f(x) \mathrm{d}x = F(x) \Big|_a^b = F(b) - F(a).$

第三节　定积分的换元积分法和分部积分法

—————————————— 📖 基本知识 📖 ——————————————

一、定积分的换元积分法

定理 5.3.1　如果函数 $f(x)$ 在区间 $[a,b]$ 上连续,函数 $x=\varphi(t)$ 满足条件:

(1) 当 $t\in[\alpha,\beta]$ (或 $[\beta,\alpha]$) 时,$a\leqslant\varphi(t)\leqslant b$;

(2) $\varphi(t)$ 在区间 $[\alpha,\beta]$ (或 $[\beta,\alpha]$) 上有连续的导数,且 $\varphi'(t)\neq 0$;

(3) $\varphi(\alpha)=a$,$\varphi(\beta)=b$;

则有**定积分换元公式**: $\displaystyle\int_a^b f(x)\mathrm{d}x=\int_\alpha^\beta f(\varphi(t))\varphi'(t)\mathrm{d}t.$

【注意】(1) 定理 5.3.1 中的公式从左往右相当于不定积分中的第二类换元法,从右往左相当于不定积分中的第一类换元法(此时可以不换元,而直接凑微分).

(2) 与不定积分换元法不同,定积分在换元后不需要还原,只要把最终的数值计算出来即可.

(3) 采用换元法计算定积分时,如果换元,一定换限;不换元就不换限.

结论　设函数 $y=f(x)$ 在区间 $[-a,a]$ $(a>0)$ 上连续,则:

(1) $\displaystyle\int_{-a}^a f(x)\mathrm{d}x=\int_0^a[f(x)+f(-x)]\mathrm{d}x$;

(2) $\displaystyle\int_{-a}^a f(x)\mathrm{d}x=\begin{cases}0,& f(x)\text{ 是奇函数},\\ 2\displaystyle\int_0^a f(x)\,\mathrm{d}x,& f(x)\text{ 是偶函数}.\end{cases}$

对于结论(2),我们可从定积分的几何意义上加以理解,如图 5.3.1 所示.同时,本题的结论也可当作公式来用,以简化定积分计算.

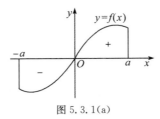

图 5.3.1(a)　　　　　　　　　图 5.3.1(b)

二、定积分的分部积分法

定理 5.3.2　设 $u(x),v(x)$ 在 $[a,b]$ 上具有连续的导数,则

$$\int_a^b u(x)v'(x)\mathrm{d}x=u(x)v(x)\Big|_a^b-\int_a^b u'(x)v(x)\mathrm{d}x.$$

简记为

$$\int_a^b u\,\mathrm{d}v=(uv)\Big|_a^b-\int_a^b v\,\mathrm{d}u. \tag{5.3.1}$$

公式(5.3.1)称为定积分的**分部积分公式**.

在专升本考试中,本节主要考查以下内容:

1. 定积分的换元积分法.

2. 定积分的分部积分法.

3. 对称区间上函数的定积分.

定积分的计算是每年专升本入学考试必考的题目.定积分的计算与不定积分的计算方法类似,它们的区别在于不定积分计算最后结果是原函数的全体,定积分计算最后结果是常数;不定积分换元求出积分后,需将变量还原为 x;而定积分在换元的同时,积分限也相应地变化,求出原函数后不需将变量还原,直接根据新变量的积分上下限计算求得结果.

【注意】"换元必换限;上限对上限,下限对下限".

考点一　定积分的换元积分法

1. 第一类换元积分法计算定积分

【方法归纳】使用第一类换元积分法(凑微分法)计算定积分时,只要熟练掌握不定积分的第一类换元积分法求得一个原函数,然后利用牛顿－莱布尼兹公式计算求得结果即可.

例 1　积分 $\int_1^e \dfrac{\mathrm{d}x}{x\sqrt{1+\ln x}}$ 的值等于 _____.

解　$\int_1^e \dfrac{1}{x\sqrt{1+\ln x}}\mathrm{d}x = \int_1^e \dfrac{1}{\sqrt{1+\ln x}}\mathrm{d}(1+\ln x) = 2\sqrt{1+\ln x}\ \Big|_1^e = 2(\sqrt{2}-1).$

【名师点拨】本题也可以变量代换,即使用第二类换元积分法:

设 $\ln x = t$,则 $x = \mathrm{e}^t,\mathrm{d}x = \mathrm{d}\mathrm{e}^t = \mathrm{e}^t\mathrm{d}t,$

$\int_1^e \dfrac{\mathrm{d}x}{x\sqrt{1+\ln x}} = \int_0^1 \dfrac{\mathrm{e}^t\mathrm{d}t}{\mathrm{e}^t\sqrt{1+t}} = \int_0^1 \dfrac{\mathrm{d}t}{\sqrt{1+t}} = 2\sqrt{1+t}\ \Big|_0^1 = 2(\sqrt{2}-1).$

例 2　求定积分 $\int_0^1 \dfrac{\mathrm{d}x}{\mathrm{e}^x + \mathrm{e}^{-x}}.$

解　$\int_0^1 \dfrac{\mathrm{d}x}{\mathrm{e}^x + \mathrm{e}^{-x}} = \int_0^1 \dfrac{\mathrm{e}^x}{1+\mathrm{e}^{2x}}\mathrm{d}x = \int_0^1 \dfrac{1}{1+(\mathrm{e}^x)^2}\mathrm{d}\mathrm{e}^x = \arctan \mathrm{e}^x\ \Big|_0^1 = \arctan \mathrm{e} - \dfrac{\pi}{4}.$

【名师点拨】先对被积函数做恒等变形是本题的难点,被积函数变为 $f(\mathrm{e}^x)\mathrm{e}^x$ 的形式,然后利用凑微分法 $\int_a^b f(\mathrm{e}^x)\mathrm{e}^x \mathrm{d}x = \int_a^b f(\mathrm{e}^x)\mathrm{d}\mathrm{e}^x.$

例 3　已知 $f(x) = \mathrm{e}^{x^2}$,求 $\int_0^1 f'(x)f''(x)\mathrm{d}x.$

解　因为 $f(x) = \mathrm{e}^{x^2}$,所以 $f'(x) = 2x\mathrm{e}^{x^2}$,于是

$\int_0^1 f'(x)f''(x)\mathrm{d}x = \int_0^1 f'(x)\mathrm{d}f'(x) = \dfrac{1}{2}\left[f'(x)\right]^2\ \Big|_0^1 = \dfrac{\left[f'(1)\right]^2 - \left[f'(0)\right]^2}{2} = 2\mathrm{e}^2.$

> **【名师点拨】**当被积函数中含有抽象函数 $f'(x)$ 或者 $f''(x)$ 时,通常可将 $f'(x)$ 或 $f''(x)$ 与 $\mathrm{d}x$ 凑微分,凑成 $\mathrm{d}f(x)$ 或 $\mathrm{d}f'(x)$,然后按照分部积分公式进行求解.

2. 第二类换元积分法计算定积分

【方法归纳】定积分的第二类换元积分法主要考查两种类型:

(1) 根式代换

若被积函数中含有 $\sqrt[n]{ax+b}$ 的形式,可以直接作变量代换 $\sqrt[n]{ax+b}=t$.

(2) 三角代换

① 被积函数中含有 $\sqrt{a^2-x^2}\,(a>0)$,令 $x=a\sin t$;

② 被积函数中含有 $\sqrt{x^2+a^2}\,(a>0)$,令 $x=a\tan t$;

③ 被积函数中含有 $\sqrt{x^2-a^2}\,(a>0)$,令 $x=a\sec t$.

例 1　计算 $\displaystyle\int_0^4 \frac{x+2}{\sqrt{2x+1}}\,\mathrm{d}x$.

解　令 $\sqrt{2x+1}=t$,则 $x=\dfrac{t^2-1}{2}$,$\mathrm{d}x=t\,\mathrm{d}t$,当 $x=0$ 时,$t=1$;当 $x=4$ 时,$t=3$.

$$\int_0^4 \frac{x+2}{\sqrt{2x+1}}\,\mathrm{d}x=\int_1^3 \frac{\frac{t^2-1}{2}+2}{t}\cdot t\,\mathrm{d}t=\frac{1}{2}\int_1^3 (t^2+3)\,\mathrm{d}t=\frac{1}{2}\left[\frac{t^3}{3}+3t\right]_1^3=\frac{22}{3}.$$

例 2　计算定积分 $\displaystyle\int_0^a x^2\sqrt{a^2-x^2}\,\mathrm{d}x\,(a>0)$.

解　令 $x=a\sin t$,则 $\mathrm{d}x=a\cos t\,\mathrm{d}t$,当 $x=0$ 时,$t=0$,当 $x=a$ 时,$t=\dfrac{\pi}{2}$,

$$\int_0^a x^2\sqrt{a^2-x^2}\,\mathrm{d}x=\int_0^{\frac{\pi}{2}}(a\sin t)^2\sqrt{a^2-a^2\sin^2 t}\cdot a\cos t\,\mathrm{d}t$$

$$=a^4\int_0^{\frac{\pi}{2}}\sin^2 t\cos^2 t\,\mathrm{d}t=\frac{a^4}{4}\int_0^{\frac{\pi}{2}}\sin^2 2t\,\mathrm{d}t$$

$$=\frac{a^4}{32}\int_0^{\frac{\pi}{2}}(1-\cos 4t)\mathrm{d}4t=\frac{a^4}{32}[4t-\sin 4t]_0^{\frac{\pi}{2}}=\frac{a^4\pi}{16}.$$

考点二　　定积分的分部积分法

【方法归纳】定积分的分部积分公式 $\displaystyle\int_a^b u\,\mathrm{d}v=(uv)\Big|_a^b-\int_a^b v\,\mathrm{d}u$.

1. 使用分部积分法解题的关键是如何选取分部积分公式中的 u、v,根据求不定积分时使用分部积分法的原则:将基本初等函数按照"反、对、幂、三、指"的顺序进行排列,排序在后的看成是 v'.

2. 使用分部积分法的情形:

(1) 通常被积函数是两种不同类型的函数乘积时,考虑使用分部积分法;

(2) 被积函数是单一函数但不容易直接求出积分时,常取被积函数为 u,$\mathrm{d}x$ 为 $\mathrm{d}v$ 的形式,

用分部积分法求解;

（3）分部积分法可以连续多次使用,在计算过程中可结合其他求积分方法,如换元积分法;

（4）在遇到抽象函数形式计算积分时,经常考虑用分部积分法.

例 1　求 $\int_0^\pi x\cos x\,\mathrm{d}x$.

解　$\int_0^\pi x\cos x\,\mathrm{d}x = \int_0^\pi x\,\mathrm{d}\sin x = x\sin x\Big|_0^\pi - \int_0^\pi \sin x\,\mathrm{d}x = x\sin x\Big|_0^\pi + \cos x\Big|_0^\pi = -2.$

例 2　$\int_0^{\sqrt3}\arctan x\,\mathrm{d}x$.

解　$\int_0^{\sqrt3}\arctan x\,\mathrm{d}x = x\arctan x\Big|_0^{\sqrt3} - \int_0^{\sqrt3}\dfrac{x}{1+x^2}\,\mathrm{d}x$

$\qquad\qquad = x\arctan x\Big|_0^{\sqrt3} - \dfrac{1}{2}\int_0^{\sqrt3}\dfrac{1}{1+x^2}\,\mathrm{d}(1+x^2)$

$\qquad\qquad = \sqrt3\arctan\sqrt3 - \dfrac{1}{2}\ln(1+x^2)\Big|_0^{\sqrt3}$

$\qquad\qquad = \dfrac{\sqrt3\,\pi}{3} - \dfrac{1}{2}(\ln4 - \ln1) = \dfrac{\sqrt3}{3}\pi - \ln2.$

【名师点拨】本题中被积函数为单个独立函数,也可以看作是常数 1 与与反三角函数乘积,此种情形可以直接使用分部积分法.

例 3　设 $f(x) = \int_1^{x^2}\dfrac{\sin t}{t}\,\mathrm{d}t$,求 $\int_0^1 xf(x)\,\mathrm{d}x$.

解　由题意知 $f(1) = \int_1^1\dfrac{\sin t}{t}\,\mathrm{d}t = 0$, $f'(x) = \left(\int_1^{x^2}\dfrac{\sin t}{t}\,\mathrm{d}t\right)' = \dfrac{\sin x^2}{x^2}\cdot 2x = \dfrac{2\sin x^2}{x}$,

得 $\int_0^1 xf(x)\,\mathrm{d}x = \dfrac{1}{2}\left[x^2 f(x)\Big|_0^1 - \int_0^1 x^2 f'(x)\,\mathrm{d}x\right] = -\int_0^1 x\sin x^2\,\mathrm{d}x = \dfrac{1}{2}\cos x^2\Big|_0^1 = \dfrac{1}{2}(\cos 1 - 1).$

【名师点拨】本题中被积函数中含抽象的函数,往往考虑使用分部积分法.

考点三　利用对称性计算定积分

【方法归纳】1. 对称区间上函数的定积分有如下结论:

设 $f(x)$ 在闭区间 $[-a,a]$ 上连续,

（1）若 $f(x)$ 为偶函数,则 $\int_{-a}^a f(x)\,\mathrm{d}x = 2\int_0^a f(x)\,\mathrm{d}x$;

（2）若 $f(x)$ 为奇函数,则 $\int_{-a}^a f(x)\,\mathrm{d}x = 0$.

2. 对于对称区间上函数的定积分的计算分两步:首先判断被积函数的奇偶性,然后根据对称区间上定积分的公式进行求解.

其中判断函数的奇偶性的方法主要有:

（1）利用定义来判断，大多数题目可通过此方法来完成；

（2）利用一些有关函数奇偶性的结论来判断：

　　① 奇函数＋奇函数＝奇函数；

　　② 偶函数＋偶函数＝偶函数；

　　③ 奇函数×奇函数＝偶函数；

　　④ 偶函数×偶函数＝偶函数；

　　⑤ 若 $f(x)$ 为奇函数，则 $\int_a^x f(t)\mathrm{d}t$ 为偶函数；

　　⑥ 若 $f(x)$ 为偶函数，则只有当 $a=0$ 时 $\int_a^x f(t)\mathrm{d}t$ 为奇函数.

例 1　设函数 $y=f(x)$ 在区间 $[-a,a]\,(a>0)$ 上连续，证明：

$(1)\displaystyle\int_{-a}^a f(x)\mathrm{d}x=\int_0^a [f(x)+f(-x)]\mathrm{d}x;$

$(2)\displaystyle\int_{-a}^a f(x)\mathrm{d}x=\begin{cases}0, & f(x)\text{ 是奇函数},\\[2mm] 2\displaystyle\int_0^a f(x)\,\mathrm{d}x, & f(x)\text{ 是偶函数}.\end{cases}$

证　（1）因为函数 $y=f(x)$ 在 $[-a,a]$ 上连续，所以 $\int_{-a}^a f(x)\mathrm{d}x$ 存在，由定积分积分区间的可加性得 $\int_{-a}^a f(x)\mathrm{d}x=\int_{-a}^0 f(x)\mathrm{d}x+\int_0^a f(x)\mathrm{d}x$，对上式中的 $\int_{-a}^0 f(x)\mathrm{d}x$，设 $x=-t$，则 $\mathrm{d}x=-\mathrm{d}t$，且当 $x=-a$ 时，$t=a$；当 $x=0$ 时，$t=0$.

于是 $\displaystyle\int_{-a}^0 f(x)\mathrm{d}x=-\int_a^0 f(-t)\mathrm{d}t=\int_0^a f(-t)\,\mathrm{d}t=\int_0^a f(-x)\,\mathrm{d}x$，

所以 $\displaystyle\int_{-a}^a f(x)\mathrm{d}x=\int_0^a [f(x)+f(-x)]\mathrm{d}x$.

（2）当 $y=f(x)$ 是奇函数时，则有 $f(-x)=-f(x)$，于是

$$\int_{-a}^a f(x)\mathrm{d}x=\int_{-a}^0 f(x)\mathrm{d}x+\int_0^a f(x)\mathrm{d}x=-\int_0^a f(x)\mathrm{d}x+\int_0^a f(x)\mathrm{d}x=0;$$

当 $y=f(x)$ 是偶函数时，则有 $f(-x)=f(x)$，于是

$$\int_{-a}^a f(x)\mathrm{d}x=\int_{-a}^0 f(x)\mathrm{d}x+\int_0^a f(x)\mathrm{d}x=\int_0^a f(x)\mathrm{d}x+\int_0^a f(x)\mathrm{d}x=2\int_0^a f(x)\mathrm{d}x.$$

原式成立.

> **【名师点拨】** 本题是利用换元法证明等式成立的证明题，结论可直接使用，不必证明. 利用本题结论，常可简化计算偶函数、奇函数在对称于原点的区间上的定积分.

例 2　$\displaystyle\int_{-\frac{\pi}{2}}^{\frac{\pi}{2}}\frac{x^8\sin x^3}{\sqrt{1+x^6}}\mathrm{d}x=$ _____ .

解　因为 $\dfrac{x^8\sin x^3}{\sqrt{1+x^6}}$ 是 $\left[-\dfrac{\pi}{2},\dfrac{\pi}{2}\right]$ 上连续的奇函数，根据对称性可得 $\displaystyle\int_{-\frac{\pi}{2}}^{\frac{\pi}{2}}\frac{x^8\sin x^3}{\sqrt{1+x^6}}\mathrm{d}x=0$.

故应填 0.

例 3 $\int_{-1}^{1} \dfrac{x^2 + x^5 \sin x^2}{1 + x^2} \mathrm{d}x = \underline{\qquad\qquad}.$

解 $\int_{-1}^{1} \dfrac{x^2 + x^5 \sin x^2}{1 + x^2} \mathrm{d}x = \int_{-1}^{1} \dfrac{x^2}{1 + x^2} \mathrm{d}x + \int_{-1}^{1} \dfrac{x^5 \sin x^2}{1 + x^2} \mathrm{d}x = 2\int_{0}^{1} \dfrac{1 + x^2 - 1}{1 + x^2} \mathrm{d}x$

$$= 2\int_{0}^{1} \left(1 - \dfrac{1}{1 + x^2}\right) \mathrm{d}x = 2(x - \arctan x) \Big|_{0}^{1} = 2 - \dfrac{\pi}{2}.$$

故应填 $2 - \dfrac{\pi}{2}$.

📖 **真 题 解 析** 📖 --------------------------◆

考点一 定积分的换元积分法

1. 第一类换元积分法

【真题 1】（2017 电商）求定积分 $\int_{0}^{1} \dfrac{\mathrm{d}x}{100 + x^2}$.

解 原式 $= \dfrac{1}{100} \int_{0}^{1} \dfrac{\mathrm{d}x}{1 + \left(\dfrac{x}{10}\right)^2} = \dfrac{1}{10} \arctan \dfrac{x}{10} \Big|_{0}^{1} = \dfrac{1}{10} \arctan \dfrac{1}{10}.$

【真题 2】（2014 土木）计算定积分 $\int_{e}^{e^3} \dfrac{\sqrt{1 + \ln x}}{x} \mathrm{d}x$.

解 $\int_{e}^{e^3} \dfrac{\sqrt{1 + \ln x}}{x} \mathrm{d}x = \int_{e}^{e^3} \sqrt{1 + \ln x} \ \mathrm{d}(1 + \ln x) = \dfrac{2}{3} (1 + \ln x)^{\frac{3}{2}} \Big|_{e}^{e^3} = \dfrac{2}{3}(8 - 2\sqrt{2}).$

【名师点拨】此类题目的被积表达式 $\dfrac{f(\ln x)}{x}$ 的形式，一般可采取

$$\int_{a}^{b} \dfrac{f(\ln x)}{x} \mathrm{d}x = \int_{a}^{b} f(\ln x) \mathrm{d}\ln x.$$

2. 第二类换元积分法

【真题 1】（2021 高数三）求定积分 $\int_{1}^{2} e^{\sqrt{x-1}} \mathrm{d}x$.

解 令 $\sqrt{x-1} = t$，则 $x = t^2 + 1$，$\mathrm{d}x = 2t \mathrm{d}t$，于是

$$\int_{1}^{2} e^{\sqrt{x-1}} \mathrm{d}x = \int_{0}^{1} 2t e^t \mathrm{d}t = \int_{0}^{1} 2t \mathrm{d}e^t = 2t e^t \Big|_{0}^{1} - 2\int_{0}^{1} e^t \mathrm{d}t = 2e - 2e^t \Big|_{0}^{1} = 2.$$

【真题 2】（2019 财经类）定积分 $\int_{0}^{2} \sqrt{4 - x^2} \mathrm{d}x = \underline{\qquad\qquad}.$

解 根据定积分第二类换元法，

令 $x = 2\sin t$，$x = 0$，$t = 0$；$x = 2$，$t = \dfrac{\pi}{2}$，$\mathrm{d}x = 2\cos t \ \mathrm{d}t$，则

$$\int_{0}^{2} \sqrt{4 - x^2} \mathrm{d}x = \int_{0}^{\frac{\pi}{2}} \sqrt{4 - 4\sin^2 t} \cdot 2\cos t \ \mathrm{d}t = \int_{0}^{\frac{\pi}{2}} 4\cos^2 t \ \mathrm{d}t = 4\int_{0}^{\frac{\pi}{2}} \dfrac{1 + \cos 2t}{2} \mathrm{d}t$$

$$= 2\int_0^{\frac{\pi}{2}} \mathrm{d}t + \int_0^{\frac{\pi}{2}} \cos 2t \ \mathrm{d}2t = 2t \ \Big|_0^{\frac{\pi}{2}} + \sin 2t \ \Big|_0^{\frac{\pi}{2}} = \pi.$$

故应填 π.

考点二　定积分的分部积分法

【真题1】 (2020 高数三) 求定积分 $\displaystyle\int_1^4 \frac{1+\ln x}{\sqrt{x}} \mathrm{d}x$.

解　$\displaystyle\int_1^4 \frac{1+\ln x}{\sqrt{x}} \mathrm{d}x = \int_1^4 \frac{1}{\sqrt{x}} \mathrm{d}x + \int_1^4 \frac{\ln x}{\sqrt{x}} \mathrm{d}x = 2\sqrt{x} \ \Big|_1^4 + 2\int_1^4 \ln x \ \mathrm{d}\sqrt{x}$

$$= 2 + 2\sqrt{x} \ln x \ \Big|_1^4 - 2\int_1^4 \frac{1}{\sqrt{x}} \mathrm{d}x = 2 + 8\ln 2 - 4\sqrt{x} \ \Big|_1^4 = 8\ln 2 - 2.$$

【真题2】 (2020 高数二) 求定积分 $\displaystyle\int_0^{\frac{\pi}{2}} (x-1)\cos x \, \mathrm{d}x$.

解　$\displaystyle\int_0^{\frac{\pi}{2}} (x-1)\cos x \, \mathrm{d}x = \int_0^{\frac{\pi}{2}} (x-1)\mathrm{d}\sin x = (x-1)\sin x \ \Big|_0^{\frac{\pi}{2}} - \int_0^{\frac{\pi}{2}} \sin x \, \mathrm{d}x$

$$= \frac{\pi}{2} - 1 + \cos x \ \Big|_0^{\frac{\pi}{2}} = \frac{\pi}{2} - 2.$$

考点三　利用对称性计算定积分

【真题1】 (2018 财经类) 定积分 $\displaystyle\int_{-1}^1 \frac{x^4 \tan x}{2x^2 + \cos x} \mathrm{d}x$ 的值为(　　).

A. 0　　　　　　　　 B. 1　　　　　　　　 C. -1　　　　　　　　 D. 2

解　因为 $y = \dfrac{x^4 \tan x}{2x^2 + \cos x}$ 在 $[-1,1]$ 上是奇函数, 所以 $\displaystyle\int_{-1}^1 \frac{x^4 \tan x}{2x^2 + \cos x} \mathrm{d}x = 0$.

故应选 A.

【真题2】 (2017 交通) $\displaystyle\int_{-1}^1 \frac{1 + x^5 \cos x^3}{1 + x^2} \mathrm{d}x = $ _____.

解　显然对于 $\forall x \in R$ 有函数 $\dfrac{1}{1+x^2}$ 为偶函数, 函数 $\dfrac{x^5 \cos x^3}{1+x^2}$ 为奇函数, 并且以上两个

函数在区间 $[-1,1]$ 上都连续, 故有

$$\int_{-1}^1 \frac{1 + x^5 \cos x^3}{1 + x^2} \mathrm{d}x = \int_{-1}^1 \frac{1}{1+x^2} \mathrm{d}x + \int_{-1}^1 \frac{x^5 \cos x^3}{1+x^2} \mathrm{d}x = 2\int_0^1 \frac{1}{1+x^2} \mathrm{d}x$$

$$= 2\arctan x \ \Big|_0^1 = 2 \times \frac{\pi}{4} = \frac{\pi}{2}.$$

故应填 $\dfrac{\pi}{2}$.

【真题3】 (2017 电商) $\displaystyle\int_{-1}^1 x^3 \cos x \, \mathrm{d}x = $ _____.

解　根据对称区间上函数定积分的公式: $\displaystyle\int_{-a}^a f(x) \mathrm{d}x = \begin{cases} 0, & f(x) \text{ 为奇函数}, \\ 2\displaystyle\int_a^b f(x) \mathrm{d}x, & f(x) \text{ 为偶函数}, \end{cases}$

$\int_{-1}^{1}x^3\cos x\,\mathrm{d}x$ 的被积函数 $x^3\cos x$ 为奇函数，则 $\int_{-1}^{1}x^3\cos x\,\mathrm{d}x=0$. 故应填 0.

考 纲 解 读

一、最新大纲要求

1. 熟练掌握定积分的换元积分法.

2. 熟练掌握定积分的分部积分法.

二、本节方法综述

1. 定积分的换元积分法

设函数 $f(x)$ 在区间 $[a,b]$ 上连续，函数 $x=\varphi(t)$ 在区间 $[\alpha,\beta]$ 上单调且有连续导数 $\varphi'(t)$；当 t 在 $[\alpha,\beta]$ 上变化时，$x=\varphi(t)$ 在 $[a,b]$ 上变化，且 $a=\varphi(\alpha),b=\varphi(\beta)$，则 $\int_{a}^{b}f(x)\mathrm{d}x=\int_{\alpha}^{\beta}f[\varphi(t)]\varphi'(t)\mathrm{d}t$.

第一类：$\int_{a}^{b}f(x)\mathrm{d}x=\int_{a}^{b}g[\varphi(x)]\mathrm{d}\varphi(x)\xrightarrow{\varphi(x)=u}\int_{\alpha}^{\beta}g(u)\mathrm{d}u$；

第二类：$\int_{a}^{b}f(x)\mathrm{d}x=\int_{\alpha}^{\beta}f[\varphi(t)]\varphi'(t)\mathrm{d}t$.

定积分的计算和不定积分的计算方法类似，常用的计算方法有第一类换元积分法（凑微分法）、第二类换元积分法和分部积分法，如果用第一类换元法（凑微分法）求原函数，一般不用设出新变量，因此原积分限不变. 它们的区别是：不定积分换元求出积分后，需将变量还原为 x；而定积分在换元的同时，积分限也相应地变化，求出原函数后不需将变量还原，直接根据新变量的积分限计算. 注意："**换元必须换限**".

2. 分部积分法

$$\int_{a}^{b}uv'\mathrm{d}x=\int_{a}^{b}u\mathrm{d}v=uv\Big|_{a}^{b}-\int_{a}^{b}v\mathrm{d}u.$$

3. 对称区间上函数的定积分

$$\int_{-a}^{a}f(x)\mathrm{d}x=\begin{cases}0,&f(x)\text{ 为奇函数,}\\2\int_{0}^{a}f(x)\mathrm{d}x,&f(x)\text{ 为偶函数.}\end{cases}$$

其中 $f(x)$ 在 $[-a,a]$ 上连续. 对于对称区间上函数的定积分，首先判断被积函数的奇偶性，然后根据对称区间上定积分的公式进行求解. 这类题目需要判断函数的奇偶性，判断大多可通过定义完成，但也有有关函数奇偶性的结论要求考生掌握.

（1）奇函数＋奇函数＝奇函数；

（2）偶函数＋偶函数＝偶函数；

（3）奇函数×偶函数＝奇函数；

（4）偶函数×偶函数＝偶函数；

（5）若 $f(x)$ 为奇函数，则 $\int_{a}^{x}f(t)\mathrm{d}t$ 为偶函数；

（6）若 $f(x)$ 为偶函数，则只有当 $a=0$ 时 $\int_{a}^{x}f(t)\mathrm{d}t$ 为奇函数.

📖 **基本知识** 📖

一、直角坐标系下平面图形的面积

1. 在平面直角坐标系中求由曲线 $y=f(x)$，$y=g(x)$ 和直线 $x=a$，$x=b$ 围成图形的面积 A，其中函数 $f(x)$，$g(x)$ 在区间 $[a,b]$ 上连续，且 $f(x) \geqslant g(x)$，如图 5.4.1 所示.

在区间 $[a,b]$ 上任取代表区间 $[x,x+\mathrm{d}x]$，在区间两个端点处做垂直于 x 轴的直线，由于 $\mathrm{d}x$ 非常小，这样介于两条直线之间的图形可以近似看成矩形，因此面积微元可表达为

$$\mathrm{d}A=[f(x)-g(x)]\mathrm{d}x,$$

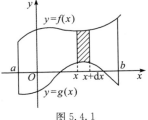

图 5.4.1

于是，所求面积为 $A=\displaystyle\int_a^b[f(x)-g(x)]\mathrm{d}x$.

2. 由曲线 $x=\psi_1(y)$，$x=\psi_2(y)$ 和直线 $y=c$，$y=d(c \leqslant d)$ 围成图形（如图 5.4.2 所示）的面积为

$$A=\int_c^d[\psi_2(y)-\psi_1(y)]\mathrm{d}y.$$

3. 如果计算平面区域面积时，选 x 作为积分变量，而上函数或者下函数在不同区间上的表达式不唯一，或者选 y 作为积分变量，左函数或者右函数在不同区间上的表达式不唯一，此时根据定积分积分区间的可加性，平面区域的面积等于若干个区间上的面积之和，每个区间上的上下函数或左右函数表达式唯一.

📖 **考点解读** 📖

本节主要考查利用定积分计算平面直角坐标系下平面图形的面积. 在专升本考试中，定积分计算平面直角坐标系下平面图形的面积一般作为填空题或计算题出现.

考点一　X－型区域或 Y－型区域的面积的计算

【方法归纳】在平面直角坐标系中，求平面图形的面积的步骤为：

（1）找出曲线与坐标轴或曲线之间的交点；

（2）画出平面图形的草图，如图 5.4.3 所示；

（3）观察草图，列出积分表达式，计算结果.

根据条件选择合适的面积公式.

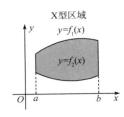

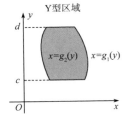

图 5.4.3

$$A=\int_a^b[f_1(x)-f_2(x)]\mathrm{d}x \qquad A=\int_c^d[g_1(y)-g_2(y)]\mathrm{d}y$$

例 1 曲线 $y = x^2$ 与直线 $y = 1$ 所围成的图形的面积为 _____.

A. $\dfrac{2}{3}$ B. $\dfrac{3}{4}$ C. $\dfrac{4}{3}$ D. 1

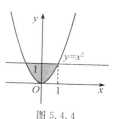

图 5.4.4

解 如图 5.4.4 所示,曲线和直线围成图形面积:

$$S = \int_{-1}^{1} (1 - x^2)\,\mathrm{d}x = 2\int_{0}^{1} (1 - x^2)\,\mathrm{d}x = 2\left[x - \frac{1}{3}x^3 \right]_{0}^{1} = \frac{4}{3}.$$

故应选 B.

例 2 求抛物线 $y = 3 - x^2$ 与直线 $y = 2x$ 所围成图形的面积.

解 如图 5.4.5 所示,抛物线 $y = 3 - x^2$ 与直线 $y = 2x$ 的交点为 $(-3, -6)$ 和 $(1, 2)$,于是所围成的面积:

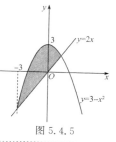

图 5.4.5

$$S = \int_{-3}^{1} (3 - x^2 - 2x)\,\mathrm{d}x = \left(3x - \frac{x^3}{3} - x^2\right)\bigg|_{-3}^{1} = \frac{32}{3}.$$

【名师点拨】 根据图形的形状,本题若采用纵坐标 y 为积分变量,计算比较繁琐,所以我们选择横坐标 x 为积分变量.

例 3 计算由 $y^2 = 9 - x$,直线 $x = 2$ 及 $y = -1$ 所围成的平面图形上面部分(面积大的部分)的面积 A.

解法一 如图 5.4.6 所示,曲线和直线所围成图形的面积为:

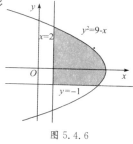

图 5.4.6

$$A = \int_{-1}^{\sqrt{7}} (9 - y^2)\,\mathrm{d}y - 2 \times (\sqrt{7} + 1)$$

$$= \left(9y - \frac{1}{3}y^3\right)\bigg|_{-1}^{\sqrt{7}} - 2\sqrt{7} - 2 = \frac{14}{3}\sqrt{7} + \frac{20}{3}.$$

解法二 $A = \int_{-1}^{\sqrt{7}} (9 - y^2 - 2)\,\mathrm{d}y = \left(7y - \frac{1}{3}y^3\right)\bigg|_{-1}^{\sqrt{7}} = \frac{14}{3}\sqrt{7} + \frac{20}{3}.$

【名师点拨】 根据题意,本题以 y 为积分变量,计算比较简单.

考点二　分区域平面图形面积的计算积

【方法归纳】 如果计算平面区域面积时,选 x 作为积分变量,而上函数或者下函数在不同区间上的表达式不唯一,或者选 y 作为积分变量,左函数或者右函数在不同区间上的表达式不唯一,此时根据定积分积分区间的可加性,平面区域的面积等于若干个区间上的面积之和,每个区间上的上下函数或左右函数表达式唯一.如图 5.4.7 所示,$y = f(x)$ 与 $x = a, x = b, x$ 轴所围成的面积为 $A = A_1 + A_2 + A_3 = \int_a^c f(x)\,\mathrm{d}x - \int_c^d f(x)\,\mathrm{d}x + \int_d^b f(x)\,\mathrm{d}x$ 或 $A = \int_a^b |f(x)|\,\mathrm{d}x.$

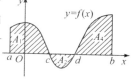

图 5.4.7

例 1 求 $y = \sin x, y = \cos x, x = 0, x = \dfrac{\pi}{2}$ 所围成的平面图形(图中阴影部分)面积.

解 如图 5.4.8 所示，曲线和直线围成的图形面积：

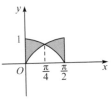

$$S = \int_0^{\frac{\pi}{2}} |\sin x - \cos x| \, dx$$

$$= \int_0^{\frac{\pi}{4}} (\cos x - \sin x) \, dx + \int_{\frac{\pi}{4}}^{\frac{\pi}{2}} (\sin x - \cos x) \, dx$$

$$= [\sin x + \cos x] \Big|_0^{\frac{\pi}{4}} + [-\cos x - \sin x] \Big|_{\frac{\pi}{4}}^{\frac{\pi}{2}} = 2(\sqrt{2} - 1).$$

图 5.4.8

【名师点拨】 本题中阴影部分是对称的，我们在计算定积分的过程中也可采用其他方法，比如：

$$S = \int_0^{\frac{\pi}{2}} |\sin x - \cos x| \, dx = \sqrt{2} \int_0^{\frac{\pi}{2}} \left| \sin\left(x - \frac{\pi}{4}\right) \right| \, dx$$

$$\xrightarrow{\text{令 } t = x - \frac{\pi}{4}} \sqrt{2} \int_{-\frac{\pi}{4}}^{\frac{\pi}{4}} |\sin t| \, dt = 2\sqrt{2} \int_0^{\frac{\pi}{4}} \sin t \, dt = 2(\sqrt{2} - 1).$$

例 2 求由曲 $y = \ln x, y = 0, x = \frac{1}{2}, x = 2$ 围成的区域面积.

解 如图 5.4.9 所示，曲线和直线围成的图形面积：

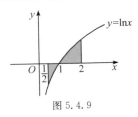

$$S = \int_{\frac{1}{2}}^1 (-\ln x) \, dx + \int_1^2 \ln x \, dx$$

$$= -(x \ln x - x) \Big|_{\frac{1}{2}}^1 + (x \ln x - x) \Big|_1^2$$

$$= \frac{3}{2} \ln 2 - \frac{1}{2}.$$

图 5.4.9

【名师点拨】 本题属于易错题，容易出现的错解为

$$S = \int_{\frac{1}{2}}^2 \ln x \, dx = (x \ln x - x) \Big|_{\frac{1}{2}}^2 = (2\ln 2 - 2) - \left(\frac{1}{2} \ln \frac{1}{2} - \frac{1}{2}\right) = \frac{5}{2} \ln 2 - \frac{3}{2}.$$

真题解析

考点一　X—型区域或 Y—型区域的面积的计算

【真题 1】（2021 高数二）直线 $x = 4, y = 0$ 与曲线 $y = \sqrt{x}$ 所围成的图形的面积 $S =$ _____.

解 直线 $x = 4, y = 0$ 与曲线 $y = \sqrt{x}$ 所围成的图形的面积

$$S = \int_0^4 \sqrt{x} \, dx = \frac{2}{3} x^{\frac{3}{2}} \Big|_0^4 = \frac{16}{3}.$$ 故应填 $\dfrac{16}{3}$.

【真题 2】（2020 高数二）曲线 $y = \dfrac{1}{x}$ 与直线 $x = 1, x = 3$ 及 x 轴所围成图形的面积 $S =$ _____.

解 由题意可得 $S = \int_1^3 \dfrac{1}{x} \, dx = \ln x \Big|_1^3 = \ln 3 - \ln 1 = \ln 3$. 故应填 $\ln 3$.

【真题3】（2019**财经类**）求曲线 $y=x^2$ 与 $y=x^3$ 所围成的图形的面积.

　　解　两曲线的交点坐标为$(0,0)$ 和$(1,1)$,对变量 x 积分,可得曲线围成的图形面积:

$$S=\int_0^1(x^2-x^3)\,\mathrm{d}x=\frac{x^3}{3}\bigg|_0^1-\frac{x^4}{4}\bigg|_0^1=\frac{1}{12}.$$

考点二　分区域平面图形面积的计算积

【真题1】（2021**高数三**）求 $y=\sin x\,(\frac{\pi}{4}\leqslant x\leqslant\pi)$,$y=\cos x\,(\frac{\pi}{4}\leqslant x\leqslant\frac{\pi}{2})$ 与 x 轴围成图形的面积.

　　解　由题意知所求图形的面积为:

$$S=\int_{\frac{\pi}{4}}^{\frac{\pi}{2}}(\sin x-\cos x)\,\mathrm{d}x+\int_{\frac{\pi}{2}}^{\pi}\sin x\,\mathrm{d}x=(-\cos x-\sin x)\bigg|_{\frac{\pi}{4}}^{\frac{\pi}{2}}-\cos x\bigg|_{\frac{\pi}{2}}^{\pi}=\sqrt{2}.$$

【真题2】（2020**高数三**）求曲线 $y=\frac{1}{x}$ 与直线 $y=x$,$y=\frac{1}{4}x$ 所围成的在第一象限内的图形面积.

　　解　解方程组 $\begin{cases} y=x, \\ y=\dfrac{1}{x}, \end{cases}$ 得到两组解 $x=1,y=1$ 及 $x=-1,y=-1$(舍).

　　解方程组 $\begin{cases} y=\dfrac{1}{4}x, \\ y=\dfrac{1}{x}, \end{cases}$ 得到两组解 $x=2,y=\dfrac{1}{2}$ 及 $x=-2,y=-\dfrac{1}{2}$(舍).

　　得交点为$(1,1)$,$(2,\dfrac{1}{2})$.因此,所求图形的面积为:

$$A=\int_0^1(x-\frac{1}{4}x)\,\mathrm{d}x+\int_1^2(\frac{1}{x}-\frac{1}{4}x)\,\mathrm{d}x=\frac{3}{8}x^2\bigg|_0^1+\ln x\bigg|_1^2-\frac{1}{8}x^2\bigg|_1^2=\ln 2.$$

> **【名师点拨】**本类型题型往往需联立方程组求得交点,然后根据题意选择积分变量后列出积分表达式.

考纲解读

一、最新大纲要求
会用定积分表达和计算平面图形的面积.

二、本节方法综述
高等数学 Ⅲ 大纲对定积分的应用的要求是会用定积分表达和计算平面图形的面积.
求平面直角坐标系下平面图形面积的步骤:
（1）找出曲线与坐标轴或曲线之间的交点;
（2）画出平面图形的草图;
（3）观察草图,列出积分表达式,计算结果.

附录 I 初等数学常用公式

一、代数

1. 绝对值

$$|a| = \begin{cases} a, & \text{当 } a > 0 \text{ 时} \\ 0, & \text{当 } a = 0 \text{ 时} \\ -a, & \text{当 } a < 0 \text{ 时} \end{cases}$$

2. 指数

(1) $a^m \cdot a^n = a^{m+n}$ (2) $\dfrac{a^m}{a^n} = a^{m-n}$ (3) $(a^m)^n = a^{mn}$

(4) $(ab)^n = a^n b^n$ (5) $a^{-n} = \dfrac{1}{a^n}(a \neq 0)$ (6) $a^{\frac{m}{n}} = \sqrt[n]{a^m}\,(a \geqslant 0)$

3. 对数

设 $a > 0, a \neq 1$，则

(1) $\log_a xy = \log_a x + \log_a y$ (2) $\log_a \dfrac{x}{y} = \log_a x - \log_a y$

(3) $\log_a x^b = b \log_a x$ (4) $\log_a x = \dfrac{\log_m x}{\log_m a}$

(5) $a^{\log_a x} = x$，$\log_a 1 = 0$，$\log_a a = 1$

4. 排列组合

(1) $P_n^m = n(n-1)\cdots[n-(m-1)] = \dfrac{n!}{(n-m)!}$（约定 $0! = 1$）

(2) $C_n^m = \dfrac{P_n^m}{m!} = \dfrac{n!}{m!\,(n-m)!}$ (3) $C_n^m = C_n^{n-m}$

(4) $C_n^m + C_n^{m-1} = C_{n+1}^m$ (5) $C_n^0 + C_n^1 + C_n^2 + \cdots + C_n^n = 2^n$

5. 二项式定理

$(a+b)^n = C_n^0 a^n + C_n^1 a^{n-1} b + C_n^2 a^{n-2} b^2 + \cdots + C_n^k a^{n-k} b^k + \cdots + C_n^{n-1} ab^{n-1} + C_n^n b^n$

6. 因式分解

(1) $a^2 - b^2 = (a+b)(a-b)$

(2) $a^3 + b^3 = (a+b)(a^2 - ab + b^2)$；$a^3 - b^3 = (a-b)(a^2 + ab + b^2)$

(3) $a^n - b^n = (a-b)(a^{n-1} + a^{n-2}b + \cdots ab^{n-2} + b^{n-1})$

7. 数列的和

(1) $a + aq + aq^2 + \cdots + aq^{n-1} = \dfrac{a(1-q^n)}{1-q}$，$|q| \neq 1$

(2) $a_1 + (a_1 + d) + (a_1 + 2d) + \cdots + [a_1 + (n-1)d] = na_1 + \dfrac{n(n-1)d}{2}$

(3) $1 + 2 + 3 + \cdots + n = \dfrac{n(n+1)}{2}$

(4) $1^2 + 2^2 + 3^2 + \cdots + n^2 = \dfrac{1}{6}n(n+1)(2n+1)$

(5) $1^3 + 2^3 + 3^3 + \cdots + n^3 = \left[\dfrac{n(n+1)}{2}\right]^2$

二、三角函数

1. 度与弧度

$1° = \dfrac{\pi}{180}$ 弧度 ≈ 0.017453 弧度，1 弧度 $= \left(\dfrac{180}{\pi}\right)° \approx 57°17'44.8''$

2. 平方关系

$\sin^2 x + \cos^2 x = 1$，$\tan^2 x + 1 = \sec^2 x$，$\cot^2 x + 1 = \csc^2 x$

3. 倍角公式和半角公式

$\sin 2x = 2\sin x \cos x$

$\cos 2x = \cos^2 x - \sin^2 x = 2\cos^2 x - 1 = 1 - 2\sin^2 x$

$\cos^2 \dfrac{x}{2} = \dfrac{1 + \cos x}{2}$

$\sin^2 \dfrac{x}{2} = \dfrac{1 - \cos x}{2}$

$\tan 2x = \dfrac{2\tan x}{1 - \tan^2 x}$

$\tan \dfrac{x}{2} = \dfrac{1 - \cos x}{\sin x} = \dfrac{\sin x}{1 + \cos x}$

三、几何

1. 常用面积和体积公式

(1) 三角形面积 $S = \dfrac{1}{2}ab\sin C = \dfrac{1}{2}ac\sin B = \dfrac{1}{2}bc\sin A$.

(2) 梯形面积 $S = \dfrac{1}{2}(a+b)h$，其中 a,b 为上下底，h 为梯形的高.

(3) 圆周长 $l = 2\pi r$，圆弧长 $l = \theta r$，其中 r 为圆半径，θ 为圆心角. 圆面积 $S = \pi r^2$，扇形面积 $S = \dfrac{1}{2}lr = \dfrac{1}{2}r^2\theta$，其中 r 为圆半径，θ 为圆心角，l 为圆弧长.

(4) 圆柱体体积 $V = \pi r^2 h$，侧面积 $S = 2\pi rh$，全面积 $S = 2\pi r(h+r)$，其中 r 为圆柱底面半径，h 为圆柱的高.

(5) 圆锥体体积 $V = \dfrac{1}{3}\pi r^2 h$，侧面积 $S = \pi rl$，其中 r 为圆锥的底面半径，l 为母线的长.

（6）球体积 $V = \dfrac{4}{3}\pi r^3$，表面积 $S = 4\pi r^2$，其中 r 为球的半径.

2. 直线方程

（1）点斜式 $y - y_1 = k(x - x_1)$

（2）斜截式 $y = kx + b$

（3）两点式 $\dfrac{y - y_1}{y_2 - y_1} = \dfrac{x - x_1}{x_2 - x_1}$

（4）截距式 $\dfrac{x}{a} + \dfrac{y}{b} = 1$

（5）一般式 $Ax + By + C = 0$，其中 A, B 不同时为零

▶ 附录 II 导数的基本公式

1. $(C)' = 0$

2. $(x^\mu)' = \mu x^{\mu-1}$

3. $(a^x)' = a^x \ln a$

4. $(\mathrm{e}^x)' = \mathrm{e}^x$

5. $(\log_a x)' = \dfrac{1}{x \ln a}$

6. $(\ln x)' = \dfrac{1}{x}$

7. $(\sin x)' = \cos x$

8. $(\cos x)' = -\sin x$

9. $(\tan x)' = \sec^2 x$

10. $(\cot x)' = -\csc^2 x$

11. $(\sec x)' = \sec x \tan x$

12. $(\csc x)' = -\csc x \cot x$

13. $(\arcsin x)' = \dfrac{1}{\sqrt{1-x^2}}$

14. $(\arccos x)' = -\dfrac{1}{\sqrt{1-x^2}}$

15. $(\arctan x)' = \dfrac{1}{1+x^2}$

16. $(\operatorname{arccot} x)' = -\dfrac{1}{1+x^2}$

附录 Ⅲ 　常用不定积分基本公式

1. $\int 0 \, \mathrm{d}x = C$

2. $\int x^n \, \mathrm{d}x = \dfrac{1}{n+1} x^{n+1} + C \, (n \neq -1)$

3. $\int \dfrac{1}{x} \, \mathrm{d}x = \ln|x| + C$

4. $\int a^x \, \mathrm{d}x = \dfrac{1}{\ln a} a^x + C$

5. $\int \mathrm{e}^x \, \mathrm{d}x = \mathrm{e}^x + C$

6. $\int \cos x \, \mathrm{d}x = \sin x + C$

7. $\int \sin x \, \mathrm{d}x = -\cos x + C$

8. $\int \sec^2 x \, \mathrm{d}x = \tan x + C$

9. $\int \csc^2 x \, \mathrm{d}x = -\cot x + C$

10. $\int \tan x \sec x \, \mathrm{d}x = \sec x + C$

11. $\int \cot x \csc x \, \mathrm{d}x = -\csc x + C$

12. $\int \dfrac{1}{1+x^2} \, \mathrm{d}x = \arctan x + C$

13. $\int \dfrac{1}{\sqrt{1-x^2}} \, \mathrm{d}x = \arcsin x + C.$

14. $\int \tan x \, \mathrm{d}x = -\ln|\cos x| + C$

15. $\int \cot x \, \mathrm{d}x = \ln|\sin x| + C$

16. $\int \sec x \, \mathrm{d}x = \ln|\tan x + \sec x| + C$

17. $\int \csc x \, \mathrm{d}x = \ln|\cot x - \csc x| + C$

18. $\int \dfrac{1}{a^2+x^2} \, \mathrm{d}x = \dfrac{1}{a} \arctan \dfrac{x}{a} + C$